銀座名店 Mardi Gras
牛肉料理神髓技法

肉料理聖地
肉之巨匠的
和知流極上職人烹調聖典

Mardi Gras
和知 徹

瑞昇文化

前言

每個人會開始思考「自己想要做何種料理」的契機或時間點應該都不太一樣。

1980年代末期，我在法國研習的第一間餐廳備有當時最新的廚房設備，甚至還引進了蒸氣式烤箱。能做肉醬、熱蒸、真空燉煮、加熱餐盤等，使用範圍廣泛，解決大份量煮食與人手不足的問題。

回到日本後，第一間工作的餐廳也在事後不久引進設備，讓日本的法國料理現場同樣掀起了快速料理法旋風。大家深受其加熱均勻完美的優點所吸引，但不知為何我自己卻是滿腹疑問。這類設備在加熱時的確能維持濕潤，但我認為無論是肉類或魚類，均勻的質地還是會存在差異，而這也是素材本身的特色。

另一方面，因為工作的餐廳也有提供炭燒料理，除了牛肉，還烤過羊、鴨、雞、鵪鶉、龍蝦、鵝肝等各種肉類。無論是表面的風味，或是裡外色差與香氣的對比，質地也會因此變得複雜，只不過是用炭火燒烤就能有如此豐富的變化，讓我不禁沉醉於炭燒的世界中。

本書以牛肉為主題，除了有牛排，還提到燉滷，以及使用薄切肉、肉角與絞肉的各種料理，使用的熱源則為瓦斯爐火、炭火與非常一般的瓦斯烤箱。書中雖然有列出每道料理的加熱時間與參考溫度，但我相信料理人都知道，只有照表操課是無法順利完成料理的。法國大多數的廚師（cuisinier）都會取得CAP廚師證照，讓自己具備至少需要的料理基礎，年輕的話大約10多歲就會開始實踐所學。那日本的情況呢？就算從餐飲學校畢業，還有人不曾做過美乃滋，甚至不曾鋪折過派皮。看起來這些人都跳過最基本的關鍵，直接使用最新設備，完全仰賴科學算出的數字料理烹調。

料理困難之處，在於完美並不能與「美味」畫上等號。我想要做的是就算耗時費工，也能留下悠長餘韻的佳餚。每天從一早到深夜地沉浸在料理之中，工作到白衣服都變得皺巴巴，在睡覺都覺得奢侈的生活中，正因為找到料理本質所帶來的喜悅，才有辦法走到最後。

之後，我開始覺得必須追求「料理之源」。於是將步伐跨足世界各地，到處品嘗，偶爾還會在造訪的國度做做料理。過程中不只是記住味道，學習料理方法，我更想知道蘊藏在世界各地在地料理中的智慧與功夫。我不希望變成只會在自己廚房料理的人。不仰賴設備與材料，讓自己無論在哪裡都能烤出美味肉料理。

「吃」這件事充滿生命力。料理時要懂得想像，成為一位會思考的料理人。這也是我今後想繼續倡導的理念。

和知 徹

目次

牛肉料理的多元變化

●書中基本原則

· 關於食譜的份量，若成品是以顆或片計算，會列出所需的食材量，其他則是設定為容易製作的份量。「Mardi Gras」主要都是提供能讓多名客人分食享用的料理，因此並未明確訂出必須是幾人份的份量。各位不妨確認材料表上的份量後，再做適量增減。

· 食譜中列出的各種時間（用平底鍋或炭火燒烤的時間，烤箱或入鍋加熱的時間等）、中火或小火等火候調整都會因為不同環境而有所改變。因此時間長短僅供參考，各位還是必須視情況判斷。

· 書中使用的奶油皆為無鹽奶油。

· 書中使用的橄欖油皆為冷壓初榨橄欖油。

· 書中多數料理會使用到的牛肉風味油（參照P.69）皆可更換成橄欖油或其他植物油。

· 書中使用的麵粉若未明確列出是低筋麵粉或中筋麵粉，則代表皆為高筋麵粉。

· 書中多數料理會使用到店內常備的濃縮牛肉精華（參照P.68）。若有準備小牛高湯時，希望各位將湯汁煮到收乾做使用。若要用雞高湯替代時，也需煮到收乾湯汁。

· 關於書中使用的牛肉簡稱，
　US產＝美國產牛肉，主要使用Choice等級品。
　赤牛＝褐毛和種的和牛肉。褐毛和種又可分為熊本系與土佐系，本書使用的是同位熊本系（熊本赤牛）生產者所提供的牛隻。
　黑毛和牛＝黑毛和種的和牛肉。書中食譜並沒有明確列出產地或生產者，即代表使用的黑毛和牛來自許多不同地區。

· 牛頰肉照理說要分類為「畜產副產品」，但料理時的運用方式多半與牛肉相同，因此列入肉類料理做介紹。

拍攝：海老原俊之
內文：鹿野真砂美
設計：岡本洋平（岡本設計室）、鈴木壯一
照片提供（P.8～13）：和知 徹
編輯：長澤麻美

關於牛肉
Element

日本牛肉

雖然不是隨時都有備料，
但「Mardi Gras」使用的牛肉
光是日本國產品就有8種左右。
許多都是我實際前往產地挑選，
當然也包含了我自己相當喜愛，
或是經由可靠的介紹管道，
評估後認為可用，
品質穩定且不易取得的牛肉。

這裡不會跟大家聊學術或物流相關的話題，
而是以料理人的身分，
將接觸、烹調牛肉30多年的經驗，
以及我對各地牛肉的心得感想，
還有本身愛用的牛肉與各位分享。

尾崎牛的牛臀蓋

能夠享受地方特色的黑毛和牛

從北海道到沖繩離島，於日本國內生產且消費量最龐大的牛肉就屬黑毛和牛。養殖戶彼此間相當盛行研習會與資訊交流，基本上牛隻的飼料內容物相似，但每位養殖戶都會花費相當心力在肥育環境、方法，以及出貨前的穀物飼料等方面，也使得日本各地會出現○○牛的品牌名稱，競合著自我特色。

紋理緊密分布，世界上最軟嫩的牛肉經熱烤後，會散發出甘甜濃郁，人稱和牛香的獨特氣味。日本人非常熟悉這樣的牛肉味，但某些烹調方式卻會讓牛肉入口即化的油脂與絕佳質地變得多餘。

來談談我對幾個主要地區的牛肉印象。東北地區因為冬季寒冷，牛肉外側容易形成脂肪，紋理相對較厚。濃郁且高黏度的油脂表現就像奶油一樣。我認為醬汁燒肉就非常適合使用東北地區的牛肉。若要作成西式料理，則可與酸甜風味的醬汁搭配。

關西地區的牛肉在紋理、入口即化表現與肉質軟嫩度的搭配性極佳，讓人感佩果真是擁有大量知名品牌牛肉的區域，想必飼養牛隻的水質也非常不錯。無需長期熟成，只要稍微熟成就能讓肉質緊實，呈現上也會更有深度。

我平常最常使用來自九州的黑毛和牛，開始使用宮崎縣尾崎宗春先生飼養的「**尾崎牛**」至今已有10多年，也曾與尾崎先生一同前往仔牛拍賣會。我非常喜愛使用牛臀肉、牛臀蓋、後腿肉這些油脂較少的部位。但只要氣候暖和，其他部位的紋理質地也會變得爽口，黏度較低，油脂表現相對輕盈。除了飼料，水質對於牛肉口感也會帶來非常大的影響，但黑毛和牛在這方面的搭配性也很好。不僅止於牛排，我認為也相當適合用來製作各類西式料理。

儘管黑毛和牛本身就帶有容易形成紋理的基因，餵食的飼料也會產生影響，但我認為運動量對於黑毛和牛的肉質也有相關性。以全世界各種牛隻飼育方式

與尾崎宗春先生一同前往仔牛拍賣會

與井信行先生合影

上山放牧中的短角牛

來看，基本上黑毛和牛的運動量明顯少於其他牛種，或許也是因為這樣才有辦法形成如大理石般的美麗紋理。在與國外相比，探討土地或牛舍狹窄之前，養殖戶想要牛肉是什麼樣表現的思維，照理說會反映在肉質上。若像沖繩離島，石垣島上生產的「**石垣牛**」一樣，藉由放牧讓牛隻適度運動，就能打造出肉質軟嫩、口感輕盈的黑毛和牛。另外，我個人近期非常關注的，則是來自距離東京約360km，青島生產的黑毛和牛「東京牛肉（東京ビーフ）」。這裡的牛隻放牧生長於人口少於200人的小島，在寬闊環境下累積了相當的運動量，緊實肉質搭配上少量紋理，讓「**東京牛肉**」的風味非常爽口。

當然，牛肉除了重視紋理與柔軟度外，即便經產牛的肉質稍微偏硬，卻也是既成熟，鮮味又強烈的牛肉。因此別將焦點全放在黑毛和牛，也要關注飼育方法，這樣應該就能找到自己追求的牛肉。

井先生的赤牛
會讓人勾起燒烤欲望

黑毛和牛（黑毛和種）在市場上擁有壓倒性的市占率，但「**土佐赤牛**」、「**熊本赤牛**」等，飼育隻數不多，毛色為褐色的和牛（褐毛牛種）卻也非常有人氣。我數年前實際造訪產地後，便非常喜愛的牛肉是由熊本縣阿蘇的畜產家，井信行先生飼育的赤牛。赤牛放牧於阿蘇豐富的大自然，主食草類，還會搭配大豆、麥糠、豆渣，肉質相當堅韌緊實。和牛等級約莫為A2，因此幾乎沒有紋理的赤身肉。油脂濃郁度適中，風味柔和的肉質充滿鮮味，水質清澈優勢完全展現其中。牛筋Q彈卻不會太硬，牛腱也能做成牛排，是會讓人燃起「想拿來燒烤」欲望的牛肉之一。

短角牛的肉質穩定性高

說到毛色同為褐色的和牛，當然不能忘了短角牛（日本短角種）。書中料理雖然沒有使用到短角牛，但「Mardi Gras」自開店以來，就一直都會用岩手縣產，重量超過1kg的短角牛料理成肋眼牛排供客人享用，更已是店裡不可或缺的招牌菜。短角牛的最大特色，在於初夏～初秋的數個月期間會放牧於山區高地（山上げ）。寒冷時會讓牛隻下山回到牛舍，但部分生產者這段期間仍會提供寬闊土地讓牛隻活動。短角牛原本是農耕用牛，本身就算是較為刻苦耐勞的牛種。赤身肉的柔和風味、鮮味及油脂的濃郁表現極為協調，無論是牛排、燉滷還是加工，都較適合西式料理，也是我個人非常喜愛的牛肉。

海外牛肉

歐洲各國、美國、南美、
澳洲、中亞地區等，
就算是距離日本遙遠之地，
我也會去看牛、品嘗牛肉，
並實際做成料理。
這裡想與各位分享一下我的感受。

攝於紐約

全世界蔚為熟稔的安格斯牛

廣泛飼育在北美、南美、大洋洲等世界各處的代表性肉牛，就屬起源於蘇格蘭亞伯丁‧安格斯種（Aberdeen Angus）的安格斯牛。雖然都是安格斯牛，不過飼育環境、飼料都會讓最終的肉質表現有著不小的差異。

我實際參觀過美國、阿根廷與澳洲等地的畜產環境，基本上都是採行放牧於廣闊的土地。美國1歲半以前的仔牛會先吃牧草，接著給予以玉米為主體的高營養價值穀物飼料（濃縮飼料），這樣不僅能讓牛隻肌肉緊實，還會帶點紋理及油脂，成為協調表現極佳的柔軟肉質。安格斯牛也有區分等級，在日本餐廳品嘗到的主要會是Prime與Choice兩個較高的等級。安格斯牛就像是凝結鮮味的清湯，可感受到精華風味，用來做成牛排再適合不過。另外，它也非常適合熟成，只要是紐約的人氣牛排館一定都有自己的熟成櫃，烘烤熟成得宜的牛肉供客人享用。

另一方面，阿根廷較喜愛品嘗肉質鮮嫩的2歲年輕肉牛。當地並不推崇熟成，強烈認為肉要鮮度夠才會美味。阿根廷會將牛隻放牧於廣闊的彭巴草原，主要是飼育牧草，但部分生產者會在出貨前給予少量飼料。阿根廷堪稱是以牛肉為主食的國家，生產的牛肉油脂表現不會太強，肉質不會太硬，每天吃牛排或阿根廷烤肉也不會膩的簡單風味，正是阿根廷牛肉吸引人之處。將稚嫩多汁的牛肉以炙火慢慢烤到全熟，排除水分後，就能呈現出肉既有的核心風味。與快火烘烤的生食手法完全對比的「慢烤」世界也深深地吸引了我的目光。

將牛隻放牧於阿根廷廣闊的彭巴草原

阿根廷的牛隻

攝於阿根廷

慢火烘烤至全熟的阿根廷烤肉

澳洲同樣位於南半球,與阿根廷的牛肉一樣帶有爽颯風味,但阿根廷透過獨自的研究並結合技術,讓牛肉充滿自我風格。澳洲牛同樣採行放牧,以牧草飼育,但出貨前並不會給予穀物飼料,是完全的草飼牛。澳洲致力於牧草研究,會給予牛隻易消化,營養價值極高的牧草。當地的頂尖生產者更表示,光靠牧草就能讓牛肉帶有紋理。另外,在澳洲塔斯馬尼亞州,除了飼養安格斯牛外,更飼育著帶有日本黑毛和牛基因的WAGYU。WAGYU主要是吃牧草並搭配些許穀物。它的肉質不同赤身肉與紋理融合為一的黑毛和牛,WAGYU赤身肉部分的味道會先完全呈現,紋理的濃郁風味則是事後才會發揮。

能仔細品嘗到赤身肉風味
中亞與歐洲

烏茲別克與吉爾吉斯等中亞地區以吃羊著稱,但其實這些國家也有飼養牛隻。雖然多半是乳牛,但仍有養牛做為家畜,屬草飼牛,牛隻身軀緊實嬌小,肉脂分明,帶有如鮮血般的紅色。肉質偏硬,但做成燉煮料理反而能品嘗到既樸實又深沉的風味。

另外,我認為在品嘗歐洲牛肉時,咀嚼赤身肉同樣是口感緊實美味。說到法國料理,號稱法國最古老的夏洛萊牛(Charolais)與利木贊牛(Limousin)較為人熟知。由於當地盛行交配,使得歐洲各地牛隻品種漸趨複雜,我雖然無法將全部網羅,但截至目前為止走訪產地,實際品嘗的經驗來看,歐洲牛肉整體而言不帶紋理,肉質結實偏硬。或許也是因為這樣,當地多半會選擇先將牛肉熟成處理變軟,增加鮮味後再品嘗。熟成能讓肉質變軟,但過度加熱流失水分的牛肉又會使肉質變硬,所以一般只會烤到近生(Blue)的程度。

不過，另外也有自古飼育在義大利中部的吉亞納牛（Chianina）。當地會將月齡很輕的牛隻宰殺後，享受其軟嫩的肉質。以傳統方式料理知名的佛羅倫斯大牛排時，不會在烘烤前撒鹽。詢問生產者後，發現多數人都認為撒鹽會造成脫水，使風味流失。不過，我認為月齡年輕的牛隻肉質水分較多，稍微脫水會讓風味更加凝結，於是借用生產者家中的暖爐，烘烤先加了鹽的牛排讓他們品嘗，沒想到品嘗者各個驚訝到完全認同加鹽牛排的美味，也讓我留下了美好經驗。不過，傳統應該還是會繼續維持不變。當地人就是這樣每天透過飼育、宰殺牛隻，品嘗牛肉的美味為生，同時串聯起今後的時代。

法國利木贊牛的仔牛

Hugo Desnoyer先生帶我參觀熟成櫃

義大利托斯卡尼的吉亞納牛

用吉亞納牛養殖戶家中的暖爐烤牛排

探討乾式熟成

我曾在巴黎及紐約餐廳品嘗鮮美的熟成肉料理，更有無數次就地烹調的機會。熟成能讓缺乏油脂的老硬赤身肉變得軟嫩，同時增加鮮味成分，展現出多元風味，這同時也是法國人吃牛肉的方法。不只如此，為了更美味品嘗牛肉，法國更從中世紀開始發展出以高湯或酒類製成的醬料。

另外，紐約更是讓我著實佩服，他們對於熟成肉的處理及品嘗已經到了一個極為成熟的境界。只要是去以牛排料理聞名的餐廳，就會發現店內一定設有分階段控制溫濕度的熟成櫃，完全採取超市模式來銷售熟成肉。

然而，相當注重素材與料理新鮮度的美國西岸似乎就不是那麼地關注熟成。無法歸類於兩者當中的美國南部則會將未熟成的肉耐心煙燻，賦予風味。

即便同為美國，每個地區就像不同國家一樣，有著各式各樣的品嘗法。無論是透過熟成更加展現出肉的鮮美，或是充分享受肉的新鮮度，甚至是藉由強烈風味與肉味相抗衡，皆再再展現出安格斯牛的無限可能。這些吃法都很棒，所以我並不認為唯獨熟成最好。

「Mardi Gras」平常並沒有提供乾式熟成的牛肉。包含前菜與主菜，超過一半以上的餐點都是肉類料理。有牛肉、豬肉、雞肉、羊肉，我認為烹調這些來自不同土地，多位生產者的肉品時，只要充分發揮每種肉的特性，做出最適合的料理，就沒有必要拘泥於熟成肉，所以本書都使用非熟成肉。

就和安格斯牛及歐洲牛一樣，有一群具備知識與經驗的職人們能夠掌握每頭和牛的肉質，施予熟成，讓和牛原本沉睡的風味覺醒，但並不是所有人都有幸品嘗。尤其是在處理黑毛和牛這類紋理較多的牛肉時，長期熟成會讓牛肉整體受熟成氣味所支配，甚至無法感受到應有的和牛味。

烹調時，思考未經任何處理的肉品，以及熟成處理過後水分已排除的肉品特性，決定該如何燒烤似乎非常理所當然，但探索方式卻截然不同。

觀察肉的味道時，水是我相當注重的其中一項環節。日本是水之國，牛隻究竟喝怎樣的水長大，其實就跟給予怎樣的飼料一樣，是用來確認肉品風味及狀態非常重要的關鍵，不過熟成過的肉就很難自行判斷這些項目。透過眼前的肉，感受牛隻的生長環境，經過仔細的思考，我還是希望烹調時，能單純地透過鹽與加熱來控制水分。這樣的過程不僅是我最鍾愛的工作，更是我身為一名料理人站在廚房時的驕傲。

攝於紐約肉品專賣店

牛肉部位

牛肉可細分為多個部位,
每個部位的口感及風味不盡相同,
但這裡僅針對書中使用的部位做解說。

菲力

牛肉裡最柔軟,能享受到高雅風味的部位。菲力四周
圍繞著頻繁活動的肌肉,正因是不用特別運動的部
位,才更顯菲力的軟嫩。加熱後纖維變得鬆散,質地
更容易化開,所以烘烤時處理務必更加溫柔謹慎。即
便是黑毛和牛的菲力油脂表現也不會太過強烈,品嘗
起來相當爽口,搭配不同的醬料後還能有多元變化,
甚至呈現出趣味性,做成炸牛排更再適合不過。另
外,說到歐洲知名的仔牛菲力,與其認真品嘗肉本身
的風味,仔牛菲力反而更適合享受肉帶有的奶香。可
以用來做成義式肉排、米蘭風味炸牛排等,敲成薄
片,搭配大量奶油烹調,充滿香氣的豪華料理。

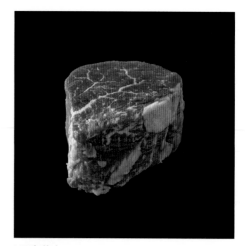

US產菲力

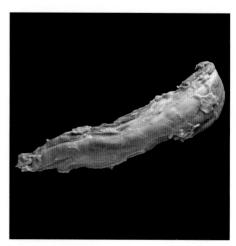

法國產仔牛菲力

紐約客（里肌）

纖維細緻緊實，適中的口感與風味表現協調性佳。與菲力一樣同屬容易加熱的部位，做成厚切牛排或烤牛肉的話，將能充分享受其多汁的美味。靠近肥肉處會帶點筋，只需切除即可。

US產紐約客

肋眼

位置介於紐約客與肩胛里肌之間，肋眼以筋為界，可分為內外兩個部分。肉質比紐約客更堅韌，但內部柔軟，加熱後外部會稍微帶點嚼勁，最大特色在於口感上的多層次表現。切薄片的話容易分離成碎肉。肋眼的香氣與口感豐富，味道更是粗曠。如果要端出更生動的牛排或烤牛肉料理，那麼選用肋眼會更合適。肋眼肉較大塊，可做成多人分食的牛排。「Mardi Gras」非常受歡迎的短角牛排就是使用這個部位。

短角牛肋眼

肩胛里肌

與肋眼相連的大範圍部位，從背部涵蓋到肩膀，同時也是活動量很大的部位。肉質堅韌，筋較硬，區塊分布會比肋眼更明顯，所以能看出纖維方向。黑毛和牛的肩胛里肌肉質柔軟，適合用來烤牛肉，赤牛或美國牛的話則可分部位做成牛排享用。口感帶嚼勁，但風味濃郁，與腿肉混合做成漢堡排亦是美味。混合香料做成的煙燻牛肉則有的濃郁滋味。

US產安格斯黑牛肩胛里肌

牛臀蓋

位於牛屁股，也就是臀肉後方（屁股前側）的肉。這個部位的運動量大，不過筋量少，肉質細緻緊實，可用和紐約客一樣的方式烹調。牛臀蓋的味道紮實濃郁，咀嚼時的咬勁極佳。如果只能選一個部位做牛排的話，我自己應該是會選牛臀蓋。

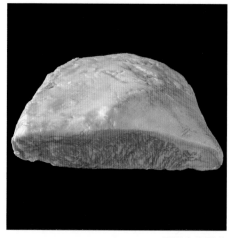

尾崎牛牛臀蓋

牛胸腩

位於牛隻前腿根部的部分，也可說是「肩五花」。油脂與肉層區隔清晰，雖然因為帶筋，口感較硬，但鮮味強烈，是風味表現極佳的部位。在美國南部，直接將整塊肉調味，以低溫長時間烘烤是BBQ中不可或缺的料理。慢火燉煮到軟爛亦是美味。除了西式料理，也非常適合做為日式燉滷牛肉。

US產牛胸腩

基本加熱與基本料理
Fundamental

1.
煎烤牛肉

牛肉究竟要怎麼煎烤？對料理人而言，心中應該有各自的方法及想法吧。本書將解說如何使用平底鍋、炭火、瓦斯烤箱這三種最基本的熱源來加熱牛肉。「Mardi Gras」在煎烤牛肉也是使用這三種熱源。煎烤牛肉時，「色」是我最注重的環節之一。這裡的「色」不單是指梅納反應所呈現出的煎烤顏色，還包含了火焰顏色、逐漸產生變化的肉色、油脂爆裂的音色，以及肉煎烤好時的色調。光靠溫度設定均勻加熱是沒有辦法感受到這些「色」。在由各種「色」交織而成的世界裡，讓我興起了想料理的念頭。

以平底鍋
煎牛排

從頭到尾都使用平底鍋加熱烹調的好處很多。最大的優點在於肉本身會裹繞著自己滲出的油脂與香氣，煎出的肉能品嚐到其原汁風味。還有一點，那就是料理人能夠自己規劃煎法。以紐約客為例，料理人可以透過油脂煎法、水分消除量的多寡、煎到全熟等方式，思考該如何呈現油脂與牛肉的對比。調節火候大小，掌握聲音、香氣等，全面發揮技術與五感，就能展現出自己是怎麼由外而內加熱牛肉，以及如何煎出肉的漸層。書中有提到煎烤時間，不過時間會因為肉的狀態不同而有所改變，所以僅供各位參考。各位或許會覺得相當有難度，但是只要能在煎烤的同時，確認實際的狀態及變化，就會變得非常容易掌握。正因如此，我希望剛入門煎烤牛肉的初學者，能先好好學會如何用平底鍋煎牛肉。

薄切牛肉
US產紐約客 2cm厚

如果是要在餐廳做為牛排使用，希望薄切牛肉還是能有2cm的厚度。美國牛的紐約客纖維細緻、肉質緊實，不僅能充分展現出赤身肉應有的口感及適當軟度，還可同時享受到多汁風味。烹調時需先放置室內回溫，厚度較薄的話回溫速度也快，因此建議盡量在廚房較涼快的位置做準備。以鹽、胡椒調味後，觀察肉的切面，確認鹽是否已經滲入，使肉變得緊實，纖維及細筋也稍微帶有立體感。煎薄片肉時雖然容易翹曲，但只要以小火逐面加熱就不會有翹曲問題。起鍋前迅速淋裹上焦香奶油，讓油脂香、肉香、奶油香這些不同的香氣交錯融合。充分掌握音色與氣味，同時想像著熱的變化，薄煎牛排就變得不是只有煎烤那麼簡單。

材料

紐約客牛排（US產）……1片（330g）

鹽……2.9g（肉重的0.9%）

胡椒……適量

奶油……10g

橄欖油……1大匙

1 牛肉放置室內回溫,兩面均勻撒鹽。因為量取了剛好的鹽,所以料理盆上不可有鹽殘留。

2 兩面撒上胡椒。煎烤油脂部分時溫度會變高,所以基本上只要撒在赤身肉。胡椒能更加鞏固牛肉的調味,比起增加刺激口感,使用胡椒的目的反而是為了讓香氣表現更有深度。煎烤時不會用到大火,所以也不用擔心焦掉。

3 靜置數分鐘後肉就會緊實,切面變得凹凸不平,還看得見纖維束。肉變立體的話,將更好判斷起鍋後該怎麼切會較容易入口。

4 將橄欖油倒入平底鍋,開火。飄出香氣後,用夾子夾住牛肉,以油脂面朝下的方式入鍋。這樣的厚度牛肉無法自行立起,所以需用夾子撐住,並以小火慢慢加熱。入鍋時需將牛肉彎折立起,先不用加熱無油脂的邊緣處。

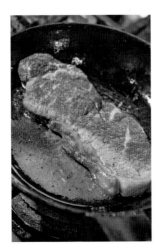

5 當油脂部分成形,就可攤開並繼續夾住牛肉。煎出漂亮顏色後,便可切面朝下入鍋。截至目前為止花費時間約3分鐘。

6 轉為中火，拉高平底鍋溫度，不要挪動牛肉，繼續煎大約2分鐘時的狀態。煎出的顏色非常漂亮。

7 先將牛肉起鍋，倒掉平底鍋裡剩餘的油脂。

8 再次將平底鍋開中火加熱。平底鍋充分變熱的話會立刻飄煙，這時就可以放入奶油。

9 放入奶油後，立刻將牛肉還沒加熱的那一面朝下，重新入鍋。

10 不要挪動牛肉，繼續熱煎1分鐘左右。

11 起鍋前，只需撈取並澆淋一次焦香奶油，讓奶油包裹住牛肉。

12 取出牛肉，以金屬串確認熟度。為了避免繼續牛肉加熱，需擺放在溫度足夠卻不會過熱的位置，靜置約6分鐘。

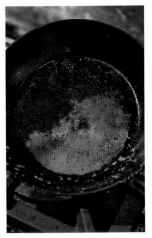

13 因為短時間內就迅速煎好起鍋，所以平底鍋完全沒有焦掉。

起鍋成品

帶有紅色卻不是生肉。
起鍋時，炙熱的肉汁
已充分裹繞住整塊牛肉。

厚切牛肉（1）
US產紐約客　5cm厚

如果想要好好品嘗牛排的絕妙滋味，當然就要選擇這個厚度。美國牛可說是紐約客之王，油脂質感搭配上肉的口感及風味，能夠表現出多數人心目中應有的牛排模樣。由於厚度相當，或許讓人覺得在烹調時很難駕馭，但其實這樣反而能悠閒煎烤且不會焦掉，對於營業時間內作業繁忙的廚房而言，還能夠去處理其他工作。如果厚度達5cm，牛肉就能自行立起，煎烤切面時，肉也會因本身的重量緊緊貼平鍋面，如此一來就能煎出均勻顏色。不過這裡要特別注意纖維方向。隨著溫度上升，肉的纖維會開始鬆垮，讓熱能傳至中心，不過美國牛肉質緊實，纖維細緻，因此必須以小火長時間地慢慢加熱。

材料

紐約客牛排（US產）……1片（690g）

鹽……6.9g（肉重的1%）

胡椒……適量

奶油……15g

橄欖油……2大匙

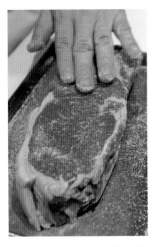

1 牛肉放置室內回溫，整塊均勻撒鹽。料理盆上不可有鹽殘留。

2 由於使用的肉厚度相當，除了正反兩面，也別忘了在側邊撒鹽。

3 撒上胡椒。油脂遇熱溫度變高，會容易焦掉，因此油脂部位不用撒胡椒。

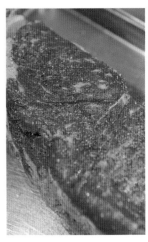

4 靜置30分鐘左右，讓鹽入味，雖然靜置時間不長，但肉質已經變得緊實，纖維方向也清晰可見。

5 橄欖油倒入平底鍋，開中火加熱。飄出香氣後，以油脂面朝下的方式入鍋。平低鍋的溫度會瞬間下降，當溫度回升，飄出些許油煙時，轉為小火。

6 油脂部分必須先慢火完全煎熟，這時可用叉子架起沒有油脂的邊緣處，避免直接接觸鍋底，讓肉塊靠在平底鍋的壁面。

7 以微弱的火候讓貼在鍋底的油脂面慢慢冒泡加熱片刻。這時會飄出橄欖油、牛肉及胡椒的香氣。

8 熱煎5分鐘，當肉塊切面從底部算起3分之1的高度已經變成白色時，就可將肉翻倒。這時平底鍋溫度又會下降，稍微加大火候，待溫度拉高再轉為小火。維持油脂慢慢冒泡的火候，熱煎大約5分鐘。

9 按照步驟8，將還沒煎過的另一個側面熱煎到3分之1的高度變成白色。

10 接著將上一步驟的側面朝下，立起肉塊。將肉塊靠在平底鍋壁面，若不好立起，可用叉子抵住固定。

11 側面同樣慢火煎5分鐘，接著翻倒肉塊，讓還沒加熱的面朝下。

12 這時放入奶油，火候維持小火即可。用手指按壓肉塊，會發現觸感還很軟嫩。

13 用金屬串刺入肉塊確認溫度時，會發現裡頭的溫度仍只有30℃左右，但肉汁已經開始在內部流竄。

14 將滾到冒泡的奶油澆淋在肉塊上，繼續熱煎5分鐘。肉塊會開始膨脹，纖維也會浮起甚至看得出寬細程度。

15 插入金屬串，會發現溫度有稍微拉高。這時裡頭的加熱程度已達八分，所以可先起鍋。

16 擺放在溫度足夠的位置，靜置與熱煎一樣長的時間，大約是20分鐘。上桌前再稍微放入烤箱，讓表面變熱即可。

17 厚煎牛排的油也沒有焦掉。丟掉剩油，倒入酒煮滾收乾的話，還能做成肉汁醬。

起鍋成品

顏色呈緩緩漸層，
看得出整塊肉充分吸飽肉汁。

赤牛紐約客 5cm厚

帶有適量紋理，肉質也柔軟，但此部位的運動量大，所以會是軟中帶硬的肉質。從纖維密度等各種層面來說，肉質算是介於美國牛與黑毛和牛之間。赤牛的煎法幾乎與美國牛相同，不過油分稍微較多，因此需減少用油量。赤牛的纖維密度不像美國牛那麼密實，所以間隙的傳熱較快，澆油的效果也相當顯著。於是烹調赤牛的火候可比美國牛稍微強一些，並且縮短時間。

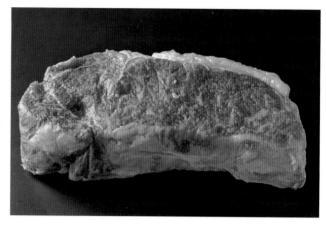

材料

紐約客牛排（赤牛）……1片（700g）
鹽……7g（肉重的1%）
胡椒……適量
奶油……15g
橄欖油……1大匙

1 牛肉放置室內回溫，整塊均勻撒鹽。撒胡椒時需避開油脂部位，靜置30分鐘使其入味。

2 橄欖油倒入平底鍋，開火加熱。飄出香氣後，以油脂面朝下的方式，將肉塊立起入鍋。赤牛紋理雖然不如黑毛和牛多，但還是要減少用油量，將油脂部位完全煎熟。將火候維持在中火至小火間直到起鍋。

3 將油脂部位熱煎5分鐘，充分煎熟後，翻倒肉塊，這時不要挪動肉塊，繼續煎3分鐘。接著將另一個側面朝下立起，熱煎3分鐘。

4 將還沒加熱的面朝下倒放，加入奶油。邊澆淋奶油，繼續煎3分鐘將內部加熱。赤牛的纖維不像美國牛那麼密實，所以可以從纖維間隙淋油，會更容易傳熱。

5 肉起鍋後，擺放在溫度足夠的位置，靜置與熱煎一樣長的時間。

黑毛和牛紐約客 5cm厚

紋理密度高，肉質軟嫩到就像會化在口中，擁有其他兩品種所沒有的獨特風味、口感及香氣。剛開始煎的時候不用放油，肉就會滲出相當的油脂。纖維密度表現算是三種牛肉中，最柔嫩的品種，因此熱煎過程中纖維可能會鬆散導致肉體破碎。烹調過程固定使用中火，可稍微澆淋點奶油讓和牛香得以充分發揮，數分鐘後即可迅速起鍋。

材料

紐約客牛排（黑毛和牛）……1片（690g）
鹽……7.5g（肉重的1.1%）
胡椒……適量
奶油……10g

黑毛和牛
赤牛

1 牛肉放置室內回溫，整塊均勻撒鹽。撒胡椒時需避開油脂部位，靜置30分鐘使其入味。當肉的油脂變鬆散，就會發現黑毛和牛的纖維密度比赤牛更粗。

2 平底鍋以中火充分加熱（肉帶有油脂，可以不必倒油）。以油脂面朝下的方式，將肉塊立起入鍋。維持相同火候，熱煎3分鐘。這時會從肉塊流出大量油脂。

3 油脂部分完全煎熟後，將肉塊翻倒，這時不要挪動肉塊，繼續煎2分鐘。接著將另一個側面朝下立起，熱煎1分鐘。

4 將還沒加熱的面朝下倒放，加入奶油。邊澆淋奶油，繼續煎2分鐘。內部加熱後纖維會大片裂開，因此加熱時間不可太長。

5 肉起鍋後，擺放在溫度足夠的位置，靜置與熱煎一樣長的時間。

紐約客牛排

煎到多汁的美國紐約客牛排，
佐上充滿香草氣息的托斯卡尼
風味薯條，讓餐館招牌主軸的
肉與馬鈴薯變得更多元。

Sirloin steak

厚切紐約客牛排
起鍋成品比較

美國牛

成品直接展現出牛肉應有的清湯香氣，同時帶有來自穀物飼料的香甜氣息，嚼勁適中，結合洽到好處的多汁口感。適合選用發揮牛肉風味的純樸肉汁醬，再佐上奶油菠菜或托斯卡尼風味薯條做為配菜，徹底讓料理充滿美國風味。

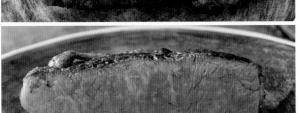

赤牛

咬下時會先嘗到肉的味道，隨之而來的是甜味及濃郁的油脂風味。極具魅力的Q彈水嫩口感，讓人能夠想像到飼育牛隻的水質。建議不要佐以醬汁，直接品嘗肉的風味。赤牛算是與蔬菜非常相搭的肉種，選擇上包含了沙拉、烤蔬菜、香料風味的薯條。

黑毛和牛

肉質不只是軟，更相當柔嫩，香氣餘韻悠長。直接品嘗固然美味，但如果是選擇以醬油提味的醬汁，或使用黃芥末等佐料的話，將能讓牛肉的味道整個甦醒。配菜可以很簡單地放上西洋菜或是烤番茄等較爽口的食材。

厚切牛肉（2）
US產菲力　5cm厚

菲力是牛排中人氣與紐約客不相上下的部位。此部位幾乎沒有油脂，肉質柔軟纖細。菲力的纖維又比里肌肉更容易鬆散，肉加熱後很容易從切面整個化開。如果沒有肉筋相連，或是筋膜包覆，直接將菲力下鍋熱煎的話，肉塊會非常容易解體。過去雖然會捆綁繩子或用培根裹起來避免煎的過程中解體，但其實只要處理夠小心，就不用擔心解體，還能用平底鍋煎出成功的菲力牛排。美國牛雖然運動量大，口感較堅韌，但唯獨菲力的肉質柔軟，纖維較為鬆散。接著來跟各位介紹不只適合美國牛，還能通用於其他各品種的菲力煎法。

材料

菲力牛排（US產）……1片（280g）

鹽……2.8g（肉重的1%）

白胡椒……適量

奶油……20g

1 牛肉放置室內回溫，整塊均勻撒鹽。料理盆上不可有鹽殘留，側面也要記得撒。

2 於兩面撒白胡椒。菲力屬於上等肉，白胡椒能增添柔和印象。靜置片刻讓鹽入味。

3 於平底鍋放入奶油，開中火加熱，以牛肉切面朝下的方式入鍋。這時平底鍋的溫度會暫時下降，持續熱煎2分鐘，直到溫度回升。

4 溫度足夠後轉為小火，再繼續煎1分鐘。這時奶油也變得充滿焦香。

5 立起肉塊，依序熱煎側面。每塊菲力的形狀都不太一樣，圖片中的菲力就有三個面，熱煎時，大約每面煎1分鐘後換至下個面。這時平底鍋的溫度已經非常穩定，所以可以繼續維持小火。注意奶油不可太過焦化。美國牛的纖維雖然密實，但烹調到這個階段後，纖維已經變得鬆散且容易化開。雖然想要煎到充滿香氣，但使用大火會讓肉汁不斷流失，所以熱煎時一定要特別謹慎。

6 煎完肉塊的所有側面後，再將還沒加熱的切面朝下翻倒。

7 用金屬串確認內部熟度，看起來還沒有很熟。

8 繼續維持小火，不斷澆淋奶油。如果奶油沒有沸騰，那可以稍微加大火候，讓奶油不斷冒泡，但注意不可焦掉，澆淋奶油的同時，繼續熱煎3分鐘左右。

9 肉起鍋後，擺放在溫度足夠的位置，靜置與熱煎一樣長的時間。

赤牛菲力　5cm厚

與紐約客一樣，肉質也介於美國牛及黑毛和牛之間。赤牛菲力稍微帶點紋理，所以烹調時除了注意別讓肉散開外，還需以較微弱的火候慢慢煎出香氣。

材料

菲力牛排（赤牛）……1片（310g）

鹽……3g（肉重的1%）

白胡椒……適量

奶油……20g

1　煎法步驟與美國牛相同，但因為赤牛稍微帶點紋理，讓纖維變得容易鬆散，要開始煎切面時，肉入鍋後到平底鍋溫度回升的中火加熱時間需縮短為1分鐘，並相對拉長小火的烹調時間。

黑毛和牛菲力　5cm厚

雖然是菲力，卻帶有非常明顯的紋理。所以當油脂軟化後，肉身也容易裂成大塊，不過這也代表更快熟，完成料理的時間更短。

材料

菲力牛排（黑毛和牛）……1片（300g）

鹽……3.3g（肉重的1.1%）

白胡椒……適量

奶油……10g

1　煎法步驟與美國牛相同，但黑毛和牛是三種肉中，纖維最容易散開，加熱速度最快的肉種。所以開始煎切面時，中火與小火總計的時間需稍微縮短，大約只要2分半鐘即可。

菲力牛排

在與紐約客風格完全迥異，滋味爽口
的美國產菲力牛排旁，佐上中空薯片
（Pomme soufflé）。適合搭配紅酒醬
（參照P.79）等濃郁醬汁。

Tenderloin steak

菲力牛排
起鍋成品比較

美國牛

美國菲力的爽口風味，會讓人不禁懷疑，沒有油花就會與紐約客差異這麼大嗎？美國菲力的肉質雖然柔軟，卻還是能充分感受到纖維。適合搭配波特酒、馬德拉酒等酒類，與法國料理高雅且濃郁的醬料也極為相搭。配菜則建議選用焗烤馬鈴薯等較有份量的料理。

赤牛

質地雖然柔軟，卻還是帶有適當的緊實口感，像紐約客一樣，咀嚼時就像是在美味澄澈的水當中，品嘗到充滿香氣的風味。比起搭配濃郁的醬汁，赤牛菲力更適合佐上使用大量蔬菜或香草的阿根廷青醬（Chimichurri）或莎莎醬，這類也帶有配菜功能的清爽醬汁。

黑毛和牛

帶有紋理，即便口感軟嫩到幾乎在嘴裡化開，卻也不會讓人覺得油膩。為了充分發揮和牛香，建議搭配不太使用高湯，風味輕盈的紅酒醬。黑毛和牛菲力與鐵板燒店最後會端出的蒜頭飯更是絕配。

處理牛肉

美國紐約客

以美國紐約客肉塊
（英文又稱為strip loin）為例，
介紹該如何處理成牛排用肉。

1 使用美國Choice等級的紐約客。安格斯牛餵食的飼料營養價值高，因此油花層較厚，卻又不像黑毛和牛一樣布滿紋理。

2 確認切面時，會發現赤身肉與油脂邊界線的中央處就是筋的交界。

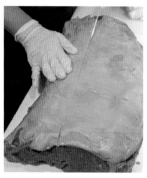  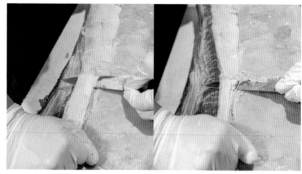

3 從這個交界處下刀，將油脂畫出一條直線。

4 將小區塊的肋骨側油脂一點一點削掉。其他肉種的處理方式一樣，但赤牛與黑毛和牛油脂的融點較低，作業必須更迅速。

5 又厚又硬的筋同樣是一點一點剔除掉。

6 較明顯的筋紋雖然要剔除乾淨，但注意不要削到牛肉。

7 另一側的油脂則是削掉比較厚的表層，稍作調整即可。

8 切出需要的厚度。

赤牛菲力

以熊本產赤牛為例，
介紹該如何處理牛肉。

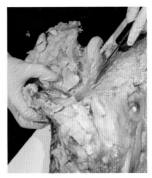

1 仍帶有油花及肋眼上蓋的狀態。部分產地或業者在出貨前，就會先將明顯的油花及肋眼上蓋較薄的部分處理掉。

2 先切掉表面的厚油脂，這些油脂甚至能用手撕開。油脂能夠預防某種程度的氧化，撕得太乾淨反而有損保存性。若肉的使用量不大，就不建議處理掉全部的油脂。

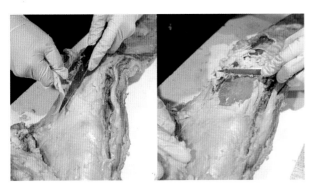
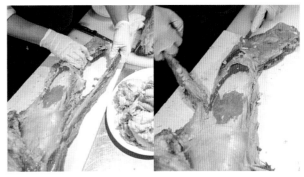

3 將較明顯的筋先剔除，讓肉的表面仍保留油脂薄膜，並以需要使用的部分為中心，用刀子仔細刮除乾淨。

4 用手將附著於肉塊兩邊的肋眼上蓋撕開。頭部較粗的位置也會帶有肋眼上蓋，這塊肉屆時會分成3塊，所以一樣要切下。此塊上蓋肉也很柔軟美味，可使用於料理中。

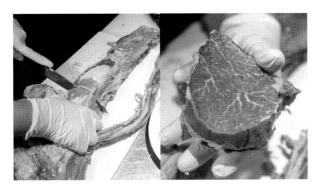

5 切出需要的厚度。中間最柔軟的部分就是夏特布里昂牛排（Chateaubriand）。

以炭火燒烤

我認為燒烤肉品的熱源中，最適合的就屬暖爐的炙火。當我聽聞國外有餐廳是用暖爐烤肉時，甚至親身走訪了巴黎、波爾多、薩丁尼亞、馬德拉以及舊金山。「Mardi Gras」雖然有段時間也是使用效果等同暖爐的柴火搭配炭火，不過事後發現炭火就能烤出想要的狀態，於是目前改以炭火為主要燒烤方式。用炭火烤肉時，雖然重點很容易聚焦在如煙燻般的香氣。不過該怎麼烤出像串燒一樣，外表酥脆，內部軟嫩的狀態就完全取決於燒烤時的溫度控制功夫。與瓦斯爐火的均溫1000℃相比，炭火平均為800℃，柴火則是600℃。炭火的受熱溫和度或許不及柴火，但仍可避免劇烈加熱導致肉明顯收縮。另外還可拉開與熱炭之間的距離，用像是暖爐烘烤的方式溫和加熱。這裡除了會提到讓人驚豔的丁骨牛排外，還會介紹阿根廷風格的蝴蝶切牛排及阿根廷烤肉。

丁骨牛排
T-bone Steak

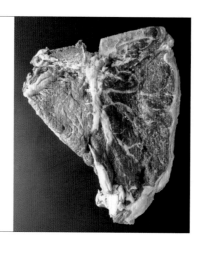

使用牛肉

使用手邊正好入手的
愛爾蘭產丁骨。
或許是因為肥育期間
較短的關係，無論里肌或
菲力部位都相對小巧，
不會過於龐大，
屬於幾乎不帶油脂的赤身肉，
風味頗為紮實。

在托斯卡尼極受歡迎的傳統料理，佛羅倫斯大牛排在製作時雖然會等烤好後再撒鹽，但我認為這塊肉與其他肉品一樣，先撒鹽使其滲入肉中，稍微脫水的話會使風味更加有深度。帶骨且厚度相當的肉塊如果不用這樣的方式處理，將難以入味。由於丁骨透過骨頭結合了里肌與菲力兩種風味表現截然不同的部位，思考丁骨這樣的特性後，我決定將肉塊稍微遠離炭火火源，讓里肌部位靠近炭火，菲力則是遠離炭火，即便是較溫和的熱度，也能調整出不同的火候，慢慢加熱。也只有炭火能夠像這樣調節加熱火候呢。

材料

牛丁骨……1片（1kg）
鹽……12g（肉重的1.2%）
胡椒……適量

雪花鹽（馬爾頓）……適量
粗粒胡椒……適量

1 讓丁骨回到室溫，整塊撒上鹽與胡椒，稍作靜置使其入味。里肌部位的鹽可以稍微加量。

2 在里肌與菲力靠近骨頭的位置分別畫刀，這樣能稍微增快加熱速度，但無需穿過底部。另外也可針對部分位置畫刀，但注意不可讓骨肉分離。

3 炭已經燒出紅通火焰。烤台塗油後，擺上丁骨肉。不要直接擺在炭火正上方，需稍微錯開位置，讓里肌部位靠近炭火，菲力部位則是靠近烤台邊緣。

4 用平底鍋做為蓋子蓋上，稍作燒烤，讓熱均勻分布。

5 確認是否已烤出明顯痕跡。

6 轉動肉塊方向，讓表面能烤出格紋，再次蓋上平底鍋燒烤。

7 已經烤出明顯痕跡。還沒烤的那一面也呈現淡淡的白色。

8 這時先將骨頭朝下立起肉塊，燒烤數分鐘，接著還沒烤的那一面朝下繼續燒烤。燒烤時，記得要跟已經烤好的那面一樣，不要直接擺在炭火正上方，菲力部位靠近烤台邊緣。

9 較靠近炭火的里肌部位逐漸變熟後，會滲出些許血水。

10 用手指觸摸，會發現里肌部位已經帶有彈性，但菲力部位仍相當塌軟，所以必須視情況繼續燒烤。為了讓菲力部位與炭火維持相當距離，如果加熱時間可能會讓里肌部位烤得太熟，那麼可以選擇在里肌部位下方墊鋁箔紙。

11 將里肌部分的側面朝下立起，燒烤油脂層。為了在燒烤正反兩面時油脂能夠滴落，以及稍微保留一些油花，不要全部烤熟，因此稍微加熱烤出香氣即可。菲力部位的側面肉質較軟，會壓到變形，所以不用立起燒烤。

12 骨頭邊緣開始滲血，就代表裡頭的肉汁正充分作用著。

13 取至盤子，擺放在溫度足夠的位置。如果靜置時間無法等同燒烤時間，至少也要靜置15分鐘。上桌前再放回烤台稍作加熱。

切法

14 逆刃握刀，沿著骨頭切開牛肉。從前置作業的畫刀處下刀會較容易作業。

15 切開狀態。靠近骨頭處的肉還很生。將切開的里肌與菲力肉塊斜切，連同骨頭一起盛盤，撒入雪花鹽與粗粒胡椒。

T-bone steak

蝴蝶切牛排
Butterfly steak

使用牛肉

使用非常有厚度的美國紐約客。
燒烤時可對半剖開，
肉塊會變得更大片。
記住一定要從油脂側切開
讓肉塊攤開時，
油花層位於外側。

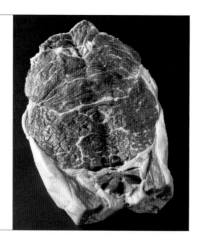

前往阿根廷旅遊的話，會經常看見這種蝴蝶切牛排。將厚度相當的肉對半剖開，展現出份量，一個人可是會直接嗑光一整片慢火烤到全熟的牛排。我這裡雖然只烤到三分熟，但以溫和炙火烤出的牛肉就稍微過度加熱，也不會讓口感變得乾柴。道地的蝴蝶切牛排雖然沒在使用普羅旺斯香料預先調味，但這裡為了呈現出當地的草原氣息，於是選擇添加。對半剖開的肉塊兩側會帶有油脂層。雖然不用特地立起加熱，但仍需隨時留意油脂的燒烤狀態及氣味。肉烤好後我雖然有稍微靜置，但直接切來品嘗也是非常美味。流出的肉汁正好可以做為充滿鮮味的醬汁。

材料

紐約客……1片（1.1kg）
鹽……11g（肉重的1%）
胡椒……適量
普羅旺斯香料……適量

粗鹽（葛宏德鹽）……適量
粗粒胡椒……適量
西洋菜……適量

1 讓厚度約8cm的紐約客回到室溫，從油脂側下刀對半剖開，切到最下方，但不可完全切斷。

2 1的肉塊對半剖開後攤平，讓溫度回到室溫。

3 將整塊牛肉均勻撒鹽，別忘了對半剖開的切痕處。接著在正反兩面撒上胡椒、普羅旺斯香料後，靜置片刻使其入味。

4 炭已經燒出紅通火焰。烤台塗油後，將肉塊3的切開面（下刀那一面）朝下，擺放於烤台。不要直接擺在炭火正上方，需稍微錯開位置。

5 燒烤時，拉開與炭火的距離，過程中轉動方向，烤出格紋。若左右厚度不均，那麼擺放時，較厚的部分可以較靠近炭火。

6 觀察側面，由下算起一半的高度變白時即可翻面。這時內部的加熱程度大約會是五分～七分。

7 與先烤好的那面一樣，轉動方向，再稍微烤一下。表面開始有點滲血水時，就表示即將烤好。燒烤時間總計約10分鐘。

8 取至盤子，用金屬串確認裡頭熟的程度，擺放在溫度足夠的位置。上桌前再用炭火稍作加熱，切片、盛盤，佐上西洋菜。在肉片切面撒上粗鹽及粗粒胡椒。

阿根廷烤肉
Asado

以阿根廷為首的南美西班牙語區域裡，Asado（阿根廷烤肉）是相當日常的料理。一般來說，在當地烤肉都是稱為Asado，有時也是指肋排本身，所以肋排會是與Asado畫上等號的部位。炭火的厲害之處，在於能用炎火慢烤油脂較多的部位，油滴落的同時也會持續把肉塊加熱到全熟。我認為日本國內一直沒有感受到全熟的迷人之處，總覺得實在可惜。多麼希望更多料理人能夠了解到全熟並不代表乾柴，而是帶有肉充分烤熟後的美味。用來佐肉的高喬醬（Gaucho Sauce）是參考P.81介紹的阿根廷青醬所製成的道地醬汁。

使用牛肉

使用東京離島，也就是青島飼育的黑毛和牛—東京牛肉的肋排。肋排的切法不是沿著骨頭切塊，而是會直接截斷骨頭做分塊。

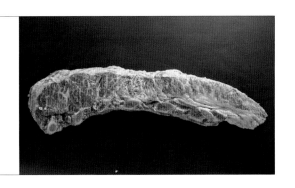

材料（容易製作的份量）

牛肋排（參照步驟圖片1～3）
　　……1片（930g）
鹽……10g（肉重的1.1%）
胡椒……適量

高喬醬

┌ 牛至葉（切碎末）……1撮
│ 乾燥番茄（泡水變軟後切粗末）
│ 　　……40g
│ 大蒜（切末）……1/2瓣
└ 鯷魚（魚片切粗末）……2片

紅椒粉……少量
橄欖油……200ml

＊將所有材料充分拌勻。

1 將整塊肋排沿著斷開骨頭的方向下刀。先下刀切至碰到骨頭，寬度約5～6cm。

2 使用鋸骨刀，從上往下開始一根根鋸斷骨頭。

3 切掉肉側多餘的油脂。

4 讓步驟3切好的肋排回到室溫，整塊撒鹽與胡椒，稍微靜置使其入味。

5 炭已經燒出紅通火焰。烤台塗油後，將肋排擺上。不要直接擺在炭火正上方，需稍微錯開位置。帶骨側可以比較靠近炭火。

6 燒烤片刻，骨頭切面開始微微滲血後，即可翻面。

7 背面烤法一樣，當骨頭切面開始微微滲血，就可以先取至盤子。

8 於炭火上再架設高一層的烤網，並擺上肋排。用較強但距離較遠的火候燒烤兩面，將表面烤出香氣。

9 從烤網放回烤台，也是要擺在距離炭火較遠的位置繼續熱烤。

10 肉的表面會開始滲出血水。若要吃三分熟，這時就可以取起，但本次的目標為全熟。

11 擺放於火候最弱的位置，以慢火烤到不再滲出血水，且表面變得脆硬。

12 取至盤子，擺放在溫度足夠的位置。從骨頭之間入刀切開，盛盤後，佐上高喬醬。

Asado

以烤箱烘烤

要短時間內把肉烤到焦脆，還是以慢火加熱，其實只要思考一下想怎麼烹烤，就能自然地列出可以選擇的加熱方式。與瓦斯爐火及炭火的1000℃及800℃相比，烤箱溫度就非常非常的低。烤箱加熱與直火加熱的不同之處，在於前者是利用烤箱內部的熱氣，慢慢讓素材變熟，所以非常適合用來烤肉塊。我會在肉塊下鋪放大量蔬菜，避免熱能直接對肉造成影響，用更柔和的加熱方式，烤出無限想像。雖然是沒有對流功能，傳統設計的瓦斯烤箱，但如果少了那份操控感似乎也會變得很無趣呢。

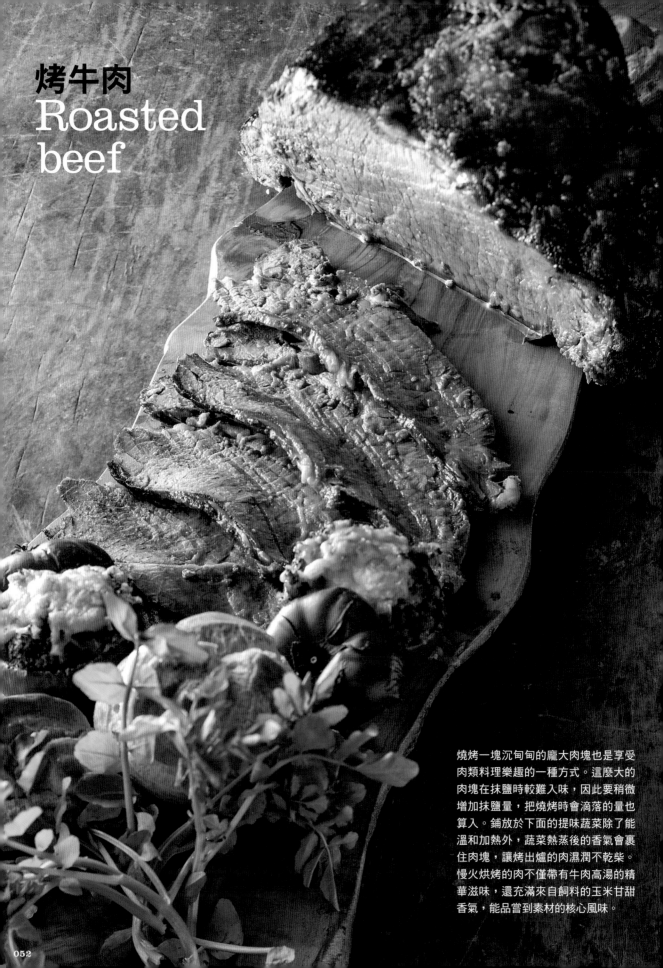

烤牛肉
Roasted beef

燒烤一塊沉甸甸的龐大肉塊也是享受肉類料理樂趣的一種方式。這麼大的肉塊在抹鹽時較難入味，因此要稍微增加抹鹽量，把燒烤時會滴落的量也算入。鋪放於下面的提味蔬菜除了能溫和加熱外，蔬菜熱蒸後的香氣會裹住肉塊，讓烤出爐的肉濕潤不乾柴。慢火烘烤的肉不僅帶有牛肉高湯的精華滋味，還充滿來自飼料的玉米甘甜香氣，能品嘗到素材的核心風味。

使用牛肉

使用超過2kg的美國牛里肌。
帶有適量油脂，
肉質濕潤柔軟，風味濃郁，
最適合做成烤牛肉。

材料（容易製作的份量）

牛里肌（塊）……2.2kg
鹽……28g（肉重的1.3%）
胡椒……適量
洋蔥（對半橫切）……4顆
大蒜（對半橫切）……1整顆
芹菜（菜梗）……2條
月桂葉……2片
百里香（用繩子捆綁）……10支
橄欖油……4大匙

配菜

西洋菜……適量
番茄封肉（參照P.55）……適量
約克夏布丁（自製）……適量

＊配菜中的約克夏布丁是將
　原味泡芙麵糊倒入圓形烤模，
　以烤箱烘烤而成。

1 將牛里肌放回室溫，整塊均勻撒鹽。肉塊太大鹽會較難滲入，撒鹽時可以稍微加量，把燒烤時會滴落的量也一起算入。

2 撒上胡椒，要避開油脂部分。油脂升溫快，高溫烘烤時，胡椒就會很容易焦掉。

3 　將洋蔥切面朝下，排列於烤盤，擺上大蒜、芹菜、月桂葉。擺放2的肉塊後，放上百里香。維持此狀態1小時，讓鹽味進入肉中。

4 　送入烤箱前，從肉塊上方澆淋橄欖油。

5 　放入230℃烤箱。

6 　20分鐘後，先從烤箱取出，刺入金屬串確認熟度。肉塊外圍雖然已經烤出顏色，裡面卻還是生的狀態。將烤箱溫度降至180℃後繼續烘烤。

7 　經過10分鐘，再次確認熟度後，繼續烤10分鐘，接著就可取出。每次的肉質或烤箱都會影響時間長短，但基本上總計會需要約40分鐘。出爐後繼續擺放在溫度足夠的位置，靜置與烘烤一樣長的時間。

8 　片成適當厚度，連同配菜一起盛盤。

番茄封肉

材料（容易製作的份量）

番茄……適量
蘑菇（切末）……100g
紅蔥頭（切末）……1大匙
大蒜……1/2瓣
鄉村麵包（切末）……30g
義大利香芹（切碎末）……適量
葛瑞爾起司（磨成粉）……適量
奶油……15g
鹽……適量

1　製作封肉。奶油與大蒜放入平底鍋加熱，飄出香氣後，放入紅蔥頭及1撮鹽繼續拌炒。紅蔥頭變透明後，放入蘑菇與1撮鹽，炒到食材出水。

2　1的材料變軟後，加入鄉村麵包與義大利香芹混合（照片ⓐ），靜置降溫到不會燙手。

3　從番茄蒂頭的位置橫切1/3左右，取出下半部的籽。

4　在步驟3已經取籽的番茄，擺上2的封肉醬（照片ⓑⓒ），連同蒂頭側的番茄上蓋，放入220℃烤箱烘烤15分鐘。

烤戰斧牛排

Roasted tomahawk steak

使用牛肉

使用帶骨的肋眼，
是極富鮮味的部位。
由於形狀就像斧頭，
因此又名為戰斧（Tomahawk），
最近可說人氣不斷攀升，
這次使用的是墨西哥產戰斧牛排。

要將像丁骨牛排一樣，帶有不同肉質部位的肉塊用烤箱均勻加熱有其難度，不過同樣都是帶骨肉塊，戰斧牛排在烹調時反而可以稍微輕鬆些。過程中雖然放入大量蔬菜，使加熱火候較為溫和，但從烤箱取出確認熟度，以及先夾取蔬菜時，需在直火上作業，以維持溫度。書中雖然沒有畫刀的步驟，但如果肉塊尺寸真的太大，可以在較難加熱到的骨肉交界處先畫入一些刀紋。因為使用了墨西哥產的牛肉，不禁讓我想到莎莎醬風格的配菜，於是將一起烤過的蔬菜切丁後，佐於盤中。

材料（容易製作的份量）

戰斧牛排……1片（900g）
鹽……9.9g（肉重的1.1%）
胡椒……適量

A
洋蔥（切半）……3顆
大蒜（帶皮）……5瓣
芹菜（菜梗）……1條
甜椒（紅、黃。切半去籽）
……總計1又½顆

百里香（用繩子捆綁）……10支
月桂葉……2片
奶油……30g
橄欖油……5大匙

粗鹽（葛宏德鹽）……適量
粗粒胡椒……適量

1 讓戰斧牛排回到室溫，將整塊牛肉均勻撒鹽、胡椒，靜置片刻使其入味。

2 將橄欖油倒入淺銅鍋加熱，讓1戰斧牛排的油花側面朝下立起。熱煎油脂的同時，於周圍擺入A的蔬菜來支撐住牛肉，接著擺上百里香與肉桂葉，並將奶油分散放於各處。

3 放入220℃烤箱，邊留意情況邊烘烤約15分鐘。

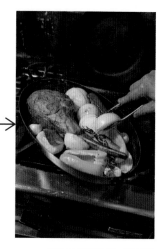  

4 暫時從烤箱取出，翻倒戰斧牛排，蔬菜也要翻面，需在直火上作業，以維持溫度。翻倒牛排時，鍋子溫度會下降，因此要先加熱到冒泡後，再放回溫度拉高至250℃烤箱中。

5 烘烤約5分鐘後從烤箱取出，邊以直火加熱，邊拿起蔬菜（大蒜與百里香除外）。這時的蔬菜已經熟透，再繼續烘烤的話會滲出水分，變得軟爛。

6 取出蔬菜後，擦掉鍋內多餘的油脂與水分，將肉翻面後，再次放回250℃烤箱烤5分鐘。在骨肉交界處與肉的中心處分別插入金屬串確認裡頭的熟度，取至盤子，擺放在溫度足夠的位置，靜置與烘烤一樣長的時間。

作法

7 沿著骨頭將肉切開，骨肉交界處仍然比較生。

8 將肉塊斜切。

9 一起烘烤過的蔬菜切成適口大小後放回鍋中，擺上骨頭與肉塊，在肉塊切面撒上粗鹽及粗粒胡椒。

Roasted
tomahawk
steak

關於鹽

肉所使用的鹽主要可以分成事先調味用、烹調中使用以及盛盤上桌用幾種用途。

肉的事先調味以及將蔬菜加熱到出水會使用炒過的伯方鹽。炒過的伯方鹽質地乾爽，能均勻地撒在整塊肉上。書中有具體寫出需使用肉重幾％的鹽量，肉的厚度較薄時，鹽就撒薄一點。帶厚度的肉或油花較多的肉則是可以加量。鹽量過多無法事後補救，所以下鹽時不可太猛，思考是要烘烤還是燉滷，依照不同料理，以0.1%為單位做調整。

鹽量多寡其實並沒有很嚴謹的法則，而是從過去經驗中，判斷大約需要多少量來決定。所以只要訂出比例後，不只是店內員工烹調時，就連看書做料理的讀者也更容易掌握用鹽量，對味道的控制也會更有幫助。

盛盤上桌前則是使用粗顆粒的鹽。較粗曠的肉類或法式風味料理我會選用法國產的葛宏德鹽。油脂風味較弱的肉類或羊肉料理則會選用英國產的馬爾頓雪花鹽。若是想要強調英國風味的料理或豬肉料理，我則會使用產自義大利西西里島的Sale di Roccia岩鹽，這也是我在調味生火腿時所用的鹽。另外，若是雞肉或蔬菜等風味較柔和的料理，我會混合新潟藻鹽與高知天日鹽做使用，根據料理風格與味道濃淡，來搭配使用不同的鹽。

料理盛盤後，撒在肉塊切面的鹽其實並不會滲透入味。撒鹽的動作固然有增加鹹味的目的，如果是佐上粗粒、帶鮮味的海鹽或岩鹽，那麼硬脆的口感以及鹽所蔓延開來的複雜風味將能為肉增添另一種滋味。

伯方鹽

葛宏德鹽

馬爾頓鹽

Sale di Roccia岩鹽

2.
滷牛肉

訂出肉重與用鹽量的比例後，在製作燉滷料理時也會更容易掌握味道。我自己在燉滷料理時，會先將肉抹鹽脫水，並用最少量的蔬菜、香草以及酒來打造基底，做成充滿現代風的清爽滋味。接下來將介紹招牌的紅酒燉牛肉，以及用油慢火炸滷的油封牛。另外也會介紹頻繁出現在書中，以高湯製作而成的濃縮牛肉精華，以及加以改良的牛肉風味油供各位做參考。

紅酒燉牛頰
Braised beef
with red wine

每個人所學到的紅酒燉物食譜皆不盡
相同。添加黑醋栗利口酒或蜂蜜等甜
味材料的話，反而會讓料理變得俗
傭，是我就不會這麼做。發揮蔬菜與
肉本身帶有的自然香甜，別讓料理太
過濃郁，風味清爽，這才是我心目中
的紅酒燉物。要記得選用充滿果實味

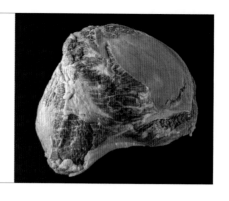

使用牛肉

這裡選用和牛的牛頰肉。
正因為是經常活動的部位，
滋味也相當濃郁，但筋紋較多，
適合做成燉滷料理。牛頰肉以粗筋
為界可分為兩層所以在燉滷時，
要保留肉的表膜，避免分解散開。

材料（容易製作的份量）

牛頰肉（塊狀）……650g

鹽……8g（肉重的1.3%）

洋蔥……2顆

A ┌ 大蒜（帶皮）……1瓣
  │ 百里香（用繩子捆綁）……3支
  └ 月桂葉……1片

B ┌ 蘑菇……8顆
  │ 黑胡椒粒……10顆
  └ 肉桂條……1片

紅酒……400ml

濃縮牛肉精華（參照P.68）
　……100g

牛肉風味油（參照P.69）
　……1大匙

奶油……15g

配菜

在馬鈴薯泥加入粗粒的紅椒粉、切
丁的甜椒風味義式臘腸製成。

＊洋蔥切半，用繩子綁住避免散開
　並稍微撒鹽（分量外）。

＊沒有牛肉風味油的話，
　可改用橄欖油。

1 將整塊牛頰肉均勻撒鹽，靜置冰箱冷藏一晚。於鍋中倒入牛肉風味油加熱，擺入牛頰肉。鍋子不要太大，最好是能將所有食材塞滿的尺寸。

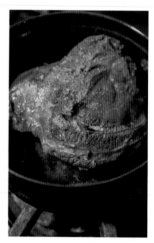

2 整塊牛頰肉充分熱煎過後，先暫時取出，並用餐巾紙擦掉鍋中多餘的油脂。

3　在擦乾淨的鍋中放入奶油，洋蔥切面朝下熱煎，煎到明顯變焦，飄出香氣。

4　把牛頰肉放回鍋中。

5　倒入紅酒，稍微滾沸，讓酒精揮發。

6　放入 A 的大蒜、香草類與濃縮牛肉精華。

7　接著放入 B 的蘑菇及辛香料。與其說是食材，蘑菇在這裡反而扮演著增添滋味的角色。湯汁再次煮滾後，蓋上鍋蓋，放入200℃烤箱中燉滷2小時左右。用直火燉滷其實也無妨，但烤箱較能讓鍋子的每個角度均勻受熱。

8　燉滷好的狀態。金屬串能迅速插入肉中，不會有阻力。試試味道，加鹽（分量外）稍作調整。

9　取出牛頰肉，切成適當大小，連同一起燉滷的洋蔥及馬鈴薯泥擺放盛盤，並淋上滷汁。

Beef confit

油封肋眼

我將帶有滿滿紋理的肋眼塊，很奢侈地做成了油封肉。即便去除了肉塊本身多餘的油脂也不會感到乾柴，口感上更是出乎意料地爽口。比起以保存為目的，烹調鹽醃肉塊反而成了當今展現鮮味非常重要的手法之一。套用在和牛料理後，會發現除了壽喜燒、涮涮鍋外，又增加了更多享受牛肉的方法。

材料（容易製作的份量）

牛肋眼（塊狀）……2kg

鹽……34g（肉重的1.7%）

A
- 洋蔥（橫切成3等分）……1顆
- 大蒜（切半）……1瓣
- 百里香……10支

B
- 洋蔥……3顆
- 丁香……3粒
- 大蒜（帶皮）……1整顆
- 百里香（用繩子捆綁）……10支
- 月桂葉……1片

橄欖油……適量（大約4L）

配菜

燉滷白四季豆

（將泡水一晚膨脹後的四季豆與洋蔥、大蒜、胡蘿蔔、鹽、水一同煮軟）……適量

橄欖油……適量

紅椒粉……適量

義大利香芹（切碎末）……少量

＊將 B 的3顆洋蔥於正中間畫十字刀痕，每顆分別塞入1粒丁香。

使用牛肉

使用黑毛和牛肋眼肉。
此部位除了常被做成牛排或壽喜燒品嚐外，
當然也非常適合
需費時加熱烹調的料理。

1 將整塊牛肋眼均勻撒鹽。

2 在肉塊上擺放 A，抽真空（或是用保鮮膜緊緊捆包），靜置冰箱冷藏一週。過程中若很在意肉滲出的水分，則可稍微擦乾後，再重新密封。

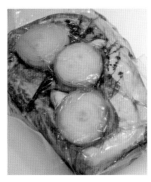

3 一週後的狀態。鹽充分滲入，洋蔥與香草風味也轉移到肉塊。

4 拿掉擺在上方的洋蔥與香草，用餐巾紙擦拭水分。

5 將肉擺進鍋中，接著放入 B。

6 倒入橄欖油，必須整個蓋過食材，加熱讓溫度上升至70°C。

7 溫度如果拉升過高就必須關火，使溫度維持在70°C。過程中要將肉翻面。

8 約2個半小時後就可炸滷完成。肉柔軟到感覺會解體散開。

9 放涼到不燙手後，小心起鍋，切取要吃的份量。剩餘的油封肉可繼續浸在油中冷藏保存。

10 將平底鍋加熱，將步驟9切取的肉塊連同油汁一起入鍋，煎到酥脆。

11 將燉滷白四季豆成盤，澆淋橄欖油，撒上紅椒粉與義大利香芹，最後擺放烤好的油封肉。

取小牛高湯
Fond de veau

「Mardi Gras」使用的高湯，是將小牛高湯（fond de veau）煮到收汁的濃縮牛肉精華（glace de viande）。為了補足膠質於是添加了牛尾與牛筋，這樣其實會讓油脂稍微變多，但如果將油脂完全瀝掉，反而有損珍貴的膠質與濃郁風味，因此只能做微調。照理來說，必須依照烹調食材區分出多種不同的高湯來使用，但本店製作的高湯還能做為燉滷或醬汁味道的補強，可用在各種食材製成的料理中，對「Mardi Gras」極為重要。有了濃縮的鮮味精華，就無需最後加入奶油來加深風味，亦能感受到鮮明滋味及用餐完後的輕盈口感。

材料（容易製作的份量）

牛尾（切掉一大截末端較細的部分）……300g

牛筋……2kg

仔牛骨（切大塊）……3kg

A
- 洋蔥（切大塊）……6顆（1kg）
- 大蒜（對半橫切）……2大顆
- 胡蘿蔔（畫出深長的十字刀痕）……2條（500g）
- 芹菜（拍打破壞纖維）……1/2支（30g）
- 韭蔥（綠色部分）……10cm

百里香（用繩子捆綁）……10支

月桂葉……1片

水……10L

1 將牛尾、牛筋、仔牛骨排列於烤盤，以250℃烤箱烘烤40分鐘。

2 1的食材烤了35分鐘時，要先取出將肉翻面，再烤完剩餘的5分鐘。

3 於 2 擺上 A 的蔬菜類，以250℃烤箱再烘烤15分鐘，烤出蔬菜香氣。

4 15分鐘後。蔬菜表面微焦，下方的肉香則是持續悶燒。

5 還沒有烤得很均勻，將所有食材翻動後，繼續烤15～20分鐘。重點在於要將蔬菜烤出香氣，肉則是要完全烤熟。這時已經能大致掌握高湯完成時的模樣。

6 用篩子將5的骨、肉及蔬菜瀝掉油脂。瀝出的油脂可以在燉滷時讓料理變濃郁，或用在熱炒中。

7 將篩子瀝起的食材倒入大湯鍋，加入所需的水量，接著放入百里香、月桂葉，以大火加熱。

8 在淨空的烤盤加入適量的水（分量外），直火加熱融出附著在烤盤的精華（déglacer），並將這些汁液倒入大湯鍋。已經焦掉變硬的部分無需勉強鏟起。

9 煮滾後會出現浮沫。不用立刻撈起，可以等咖啡色浮沫與白色浮沫成形後，僅撈取白色浮沫。這時先不用撈除浮在表面的油脂。

10 轉成小火，將火候維持在整鍋湯滾動著小泡，持續煮5小時。過程中要撈除累積的浮沫。

11 5小時後。湯汁煮成精華後，顏色也會明顯變深，表面帶有一層油膜。像在撈浮沫一樣，小心地撈掉浮在表面的油脂。

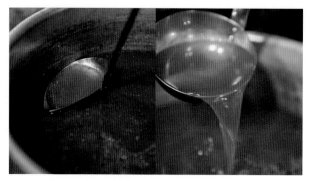

12 用網目較細的篩子或濾湯器（Chinois），將已經撈掉油脂的高湯仔細地逐量過濾。不要按壓篩子中的肉及蔬菜，靜待高湯自然滴淨。

13 再次開火煮滾過濾好的高湯，撈掉浮沫。若是要直接做為高湯使用，那麼需在篩子或濾湯器鋪入沾濕擰乾的餐巾紙，將湯汁再次過濾。

用小牛高湯製作濃縮牛肉精華
Glace de viande

1 製作高湯步驟13中撈掉浮沫後，以微滾的火候加熱2小時，讓湯汁收乾一半。接著在篩子或濾湯器鋪入沾濕擰乾的餐巾紙，將湯汁過濾。

牛肉風味油
Beef flavor oil

我思考了如果使用與小牛高湯相同的材料，製作充滿牛肉香的油會是怎樣的成品？於是有了這道牛肉風味油。此油品除了能做為烹炒用油外，還能用來增加燉滷料理的濃郁表現，或是做為美乃滋的材料，運用上會比預期更多元。牛尾的比例可以多於取高湯時的用量，如此一來就能做成油封料理品嘗，另外還可增加蔬菜量並切成小塊，藉此增添香味。牛肉風味油無法長時間存放，各位不妨先以一半的材料量嘗試製作。

材料（容易製作的份量）

牛尾（帶肉的部位）……1.5kg

牛筋……1kg

仔牛骨……1.5kg

A
- 洋蔥（切大塊）……6顆（1kg）
- 大蒜（對半橫切）……2大顆
- 胡蘿蔔（切成扇形厚片）……2條（500g）
- 芹菜（拍打破壞纖維）……2支（120g）
- 韭蔥（綠色部分）……1支

百里香（用繩子捆綁）……10支

月桂葉……1片

橄欖油……7L

1　依照P.66～67小牛高湯的步驟1～6，將左邊列出的肉、骨、蔬菜材料以烤箱烘烤，並用篩子過濾油脂。

2　將篩子瀝起的食材倒入大湯鍋，加入橄欖油、百里香、月桂葉，開火加熱。將火候維持在液面會溫和冒泡的程度，持續煮3小時。

3　用網目較細的篩子或濾湯器過濾。將油倒入瓶中，置於冷藏或冷凍保存，並盡早使用完畢。

牛尾的油封料理

這次使用了帶肉的牛尾，因此也能做為油封料理品嘗。將肉的部分剝散，油脂部分切細混入，加鹽調味就會變得像是鹹醃牛肉（Corned Beef）。放在鄉村麵包上，最後撒點胡椒與紅椒粉。

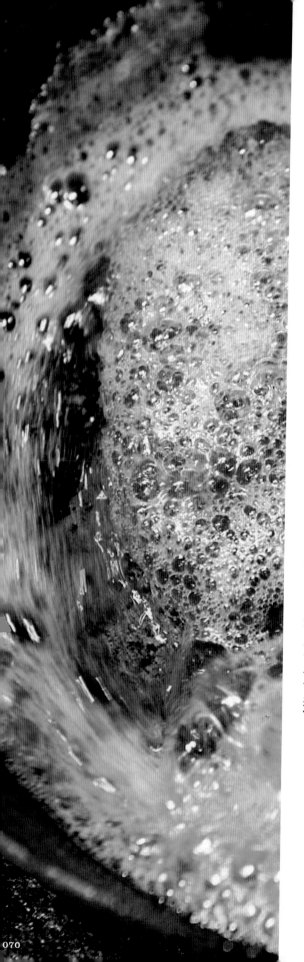

3.
炸牛肉

將素材裹上麵衣烹調時，最關鍵的重點在於如何適量脫水，卻又能將外表的麵衣炸到香氣四溢。即便炸牛肉的思維與天婦羅相同，卻有一點很大的差異，那就是裹在外層的麵包粉必須炸成黃褐色。以炸牛肉的角度來看，即便烹調手法不同，但基本概念其實與烤肉並無差異。想像著肉汁裏繞住整塊牛肉，就算無法看出肉的狀態，卻還是能透過聲音、氣泡、觸覺，思考最佳時機。書中雖然介紹了炸厚切菲力牛排，但其實只要掌握到感覺，無論哪個部位或肉的厚薄，我們在油炸時都不需要仰賴幾°C炸幾分鐘的數字。此外，書中還會介紹如何用奶油煎炸拍打過的薄肉片。這又會是另一種思維方式，重點在於慢火加熱肉的同時，該如何讓過程中使用的大量奶油香裹繞著麵衣。

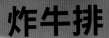

Breaded beef cutlet

將帶厚度的菲力肉塊下鍋油炸。這雖然是西式料理中的知名品項，製作卻難度相當。我曾經看過只有麵衣炸熟，裡頭的肉就像稍微炙燒一樣，仍處於幾近全生狀態的炸牛排。不過，以法國料理所定義的油炸（frite）而言，會比較像是「用煎的方式炸牛排」，也是我認同的方法。透過油炸讓食材脫水，保有麵衣酥脆的同時，卻又能充分發揮肉塊裡頭的

肉汁，流竄至每個角落。外圍裹上麵衣後，便無法判斷肉的狀態，因此更需要仔細觀察油爆聲與氣泡大小的變化。另外，透過筷子所感受到的麵衣質地變化也很重要。細心觀察，在氣泡、顏色、觸感表現皆恰到好處的時間點，抓緊肉輕輕浮上油面的瞬間撈起。充分靜置，待雀躍的肉汁漸趨平穩後，再次下鍋油炸，並趁熱上桌。

使用牛肉

炸牛排當然還是要
選用肉質柔軟的菲力。
這次使用的是愛爾蘭產牛肉，
屬草飼牛，肉質表現爽口，
就算做成炸物也相對輕盈，
易於入口。

材料（容易製作的份量）

菲力……1片（160g）
鹽……1.6g（肉重的1%）
胡椒……適量
麵粉……適量
散蛋……適量
生麵包粉……適量
炸油……適量

粗粒黃芥末……適量
粗粒胡椒……適量

1 讓菲力回到室溫，將整塊肉連同側面均勻撒鹽，正反兩面撒點胡椒。稍作靜置入味。

2 抹上麵粉。先大量沾裹後，再拍落麵粉，讓整塊肉均勻布滿麵粉薄層。

3 浸入充分打散的蛋液。

4 覆蓋上大量生麵包粉。

5 當溫度上升，油脂變軟時，肉的纖維會容易鬆垮。沾裹麵包粉時無須用力按壓壓扁肉塊，只要輕壓沾取麵包粉即可。

6 將整鍋炸油加熱至170℃，放入5。

7 這時油溫會下降，因此需加大火候，維持此狀態油炸片刻。

8 待麵衣變硬，開始稍微變色時，將肉塊翻面。

9 整塊肉出現淡淡的炸色後，用料理筷固定方向轉動炸油，讓肉跟著旋轉。如此一來就能從每個角度慢火加熱，過程中也要偶爾翻面。

10 肉經過充分加熱後，原本的大氣泡會開始變小，油爆聲也會變得稍微尖銳。當麵衣變得相當脆硬後，即可起鍋。

11 插入金屬串，雖然不像煎牛排那麼明顯，但還是可以看見肉汁慢慢滲出。靜置與油炸一樣長的時間，待流竄於內部的肉汁漸趨平穩。

12 放入180～200℃高溫的油中，再次油炸，加熱麵衣。

13 3～4秒鐘就要立刻撈起，瀝掉油後盛盤，佐上粗粒黃芥末與粗粒胡椒。

米蘭風味炸仔牛排
Veal cutlet
Milanese style

使用牛肉

這裡選用北海道產的仔牛菲力。
與歐洲牛相比,
仔牛帶有獨特的溫和風味,
表現上或許稍嫌不足,
卻很適合用在搭配
大量奶油的煎炸料理中。

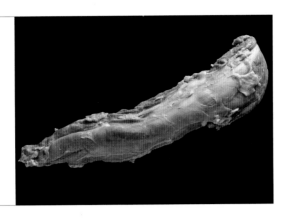

將敲打過的薄肉片裹上麵包粉油炸的料理中雖然已經有炸肉排(Schnitzel),但這次又另外加入起司,多少帶有一些我自己的改良,於是定調為米蘭風味。首先,希望在探討這道料理時,各位能與炸牛排等厚切炸肉區隔開來思考。在我的思維裡,充分炸煎是要品嘗料理的香氣(奶油)。薄肉快熟,卻不會散失過多水分,要如何展現麵衣香氣?便是料理時的重點所在。對此,就算充分熟透,還是能品嘗到柔軟口感的仔牛最為合適。烹調時目標將肉本身加熱至七、八分熟,並藉由焦香奶油,徹底發揮麵衣香氣。過程中一定要顧好奶油,讓料理就像布里歐麵包或酥脆的奶油吐司一樣,飄出美味香氣。趁這股香氣還沒消失前,將料理上桌讓客人迅速食用完畢更是最為理想。

材料(容易製作的份量)

仔牛菲力……1片(130g)
鹽……1g(肉重的0.8%)
白胡椒……適量
百里香葉(切碎)……適量
帕達諾起司……適量
麵粉……適量
散蛋……適量
麵包粉(細)……適量
奶油……130g

最後步驟

帕達諾起司、義大利香芹(切碎末)、
　　檸檬……各適量

＊將乾掉的法國麵包放入食物料理機打碎成麵包粉。

1 去除仔牛菲力多餘的筋與油脂。菲力肉質細緻,需謹慎處理。

2 用保鮮膜上下包住肉塊,均勻敲打到2mm左右的厚度。敲打時要慢慢往外推開,避免肉碎裂。肉敲開後立刻加熱會容易收縮,所以必須稍微靜置。

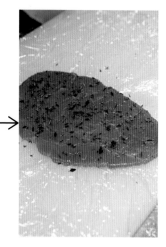

3 撕掉上方的保鮮膜,單面撒上鹽、白胡椒後,再次蓋上保鮮膜並翻面。接著撕開另一面的保鮮膜,撒入百里香葉。

4 將帕達諾起司刨成細絲並均勻撒在肉的表面。

5 將麵粉均勻撒在 4 的上方,蓋上保鮮膜,用手掌按壓,讓麵粉與肉緊密貼合。

6 撕開保鮮膜,肉下方的保鮮膜一樣要撕開,將整塊肉拿起,把多餘的麵粉拍在保鮮膜上。

7 將拍掉的麵粉再次均勻地撒在肉的另一面。

8 把 7 沾裹散蛋蛋液,用手塗抹會使麵粉脫落,改用手掌按壓就能確實沾裹蛋液。

9 將 8 擺入舖有麵包粉的料理盆,表面也要覆蓋大量麵包粉,輕輕按壓使其緊貼。拍掉多餘的麵包粉。

10 用刀子將其中一面畫出格紋線條。這除了能讓視覺更美觀,也有助瀝油。

11 奶油放入平底鍋，開小火加熱。奶油融化後，將10畫有線條的面朝下入鍋。

12 維持火候讓奶油成慕斯狀，不斷做澆淋動作。泡沫會逐漸變小變細緻。

13 當奶油變焦，飄出濃郁香氣，且帶有明顯顏色時，就可以翻面。

14 肉其實已經充分加熱，這時只需稍微澆淋奶油，熱煎背面。

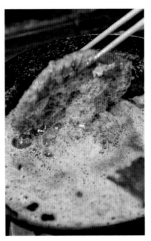

15 背面也煎出顏色後，就可起鍋。

16 瀝乾油，盛盤。最後刨點帕達諾起司，撒入義大利香芹，以檸檬做裝飾。

醬汁的多元變化
Variété de la sauce

若是要搭配牛肉料理的醬汁，基本上會使用法國料理最經典的醬汁，而高湯在這當中更扮演著不可或缺的角色。烹調時將肉視為主角的話，就會以取自骨頭的高湯做成醬汁。要能在一道料理中使用到牛隻的每個部位是非常根深蒂固的思維，醬汁更是構成料理非常重要的一部份。我在製作醬汁時，除了

伯那西醬外，幾乎都不會使用到奶油，更不會在盤中澆淋大量醬汁。讓酒與濃縮牛肉精華集結而成的鮮味精髓帶來點綴。除了醬汁外，我也很常使用風味鹽與莎莎醬。將走遍世界，享受其中所感受到的事物用自己的方式來呈現其實也非常重要呢。

伯那西醬
Sauce béarnaise

現在已經愈來愈少餐廳會自製伯那西醬這道經典醬汁，不過伯那西醬真的非常適合搭配炙烤的肉類料理。它賦予料理濃郁表現的同時，白酒醋的酸及香草的香卻能屏除油脂，讓口感變得清爽，因此可以搭配油脂豐富的肉料理。龍蒿亦是伯那西醬不可或缺的風味。

材料（容易製作的份量）

奶油（切小片）……200g
蛋黃……1顆
紅蔥頭（切末）……1顆
龍蒿……2支
細葉香芹……4〜5支
細香蔥……15支
白酒醋……100ml
鹽……少量

1　取澄清奶油。奶油放入鍋中，開火加熱融化後，繼續靜置於常溫，讓乳固形物沉澱。將料理盆與篩子疊放，鋪入沾濕擰乾的餐巾紙，逐量小心地過濾上方澄澈的奶油（照片ⓐ）。沉澱的乳固形物可以放入燉滷料理中增添風味。

2　分出龍蒿及細葉香芹的葉及梗。葉子部分與細香蔥一起切成碎末。

3　白酒醋、紅蔥頭、2的香草梗放入鍋中加熱，稍微煮滾，浸泡出味道（照片ⓑ），瀝取白酒醋（照片ⓒ）。

4　蛋黃放入料理盆隔水加熱，趁熱加入鹽與3的白酒醋，用打蛋器拌勻（照片ⓓ ⓔ）。醬汁會逐漸濃稠，開始帶點白色後（照片ⓕ），再繼續攪拌。攪拌到氣泡變得細緻，打蛋器或湯匙劃過會留下痕跡時（照片ⓖ），就可以從熱水取出料理盆。

5　邊把1的澄清奶油一匙匙慢慢加入4邊攪拌，使其乳化（照片ⓗ）。重點在於打蛋器攪拌時必須固定一個位置，不能繞著整個料理盆攪拌（照片ⓘ）。過程中如果溫度下降醬汁變稀，就必須繼續隔水加熱作業，攪拌出膨脹帶空氣的狀態。奶油先不要全放，需觀察情況做判斷。

6　將步驟2的香草碎末倒入5，充分拌勻（照片ⓙ）。

紅酒醬
Sauce au vin rouge

就算不使用奶油，也能以煮到收汁的方式增加黏稠度。保留澀味、酸味表現的同時，充分濃縮的紅酒精華雖然濃厚卻不膩，只需添加少許的鹽即可。搭佐料理的用量只要一些些就很足夠。

材料（容易製作的份量）
紅酒……200ml
濃縮牛肉精華（參照P.68）……100g
鹽……適量

＊使用智利產的卡本內蘇維翁（Cabernet Sauvignon）紅酒。

1　紅酒倒入鍋中加熱，煮到沸騰酒精揮發後，放入濃縮牛肉精華煮到收汁。

2　讓湯汁收到剩1/3（起鍋量約90g），加鹽調味。

馬德拉醬
Sauce au madère

馬德拉酒與焦化洋蔥，兩者甜味與香味雙雙交疊，讓風味變得豐富。除了能做為醬汁，用來當成燉滷料理的基底更會形成濃郁滋味，讓濃縮牛肉精華的膠質表現更加鮮明。

材料（容易製作的份量）
馬德拉酒……200ml
洋蔥……1/2顆（100g）
奶油……30g
濃縮牛肉精華（參照P.68）……100g
鹽……適量

1　將1/2顆洋蔥切半，繼續切成細絲，截斷纖維。奶油放入平底鍋加熱，接著放入洋蔥，慢火炒到焦化。用餐巾紙按壓吸掉多餘油分。

2　將馬德拉酒倒入鍋中，開火加熱，讓酒精揮發。在稍微開始收乾的時候，加入1與濃縮牛肉精華，讓湯汁收到剩一半（起鍋量約150g），加鹽調味。

波特醬
Sauce au porto

波特酒與馬德拉酒等鮮味強烈的酒類具備如醬汁般的風味，若再搭配濃縮牛肉精華煮到收汁，將能品嘗到猶如照燒醬的甜與濃郁滋味。

材料（容易製作的份量）
紅寶石波特酒……200ml
濃縮牛肉精華（參照P.68）……100g
鹽……適量

1　波特酒倒入鍋中，開火加熱。酒精揮發後，加入濃縮牛肉精華，將湯汁煮到收乾並出現光澤（起鍋量約100g），加鹽調味。

柳橙醬
Sauce à l'orange

柳橙汁的酸與甜，再加上蔬菜的香味與口感。柔和風味搭配上濃郁高湯打造出醬汁的基本架構。除了牛肉，也非常適合與雞肉或鴨肉做組合。

材料（容易製作的份量）
柳橙汁……200ml
濃縮牛肉精華（參照P.68）
……50g
A ┌ 洋蔥（切末）……80g
  │ 大蒜（切末）……1瓣
  │ 胡蘿蔔（切末）……20g
  └ 芹菜（切末）……20g
奶油……50g
鹽……1/4小匙
柳橙皮（切末）……2g

1　奶油倒入鍋中加熱，加入A與鹽，將食材炒到出水。

2　將蔬菜炒軟帶出甜味後，加入柳橙汁與濃縮牛肉精華，煮到收汁。撈掉浮沫，最後加入柳橙皮並加鹽（分量外）調味（起鍋量約250g）。

醬油風味醬
Glace de viande avec soja

這道醬汁的重點在於醬油並非主角，充其量不過是用來增添氣味，也正因如此更要使用精心製成的好醬油。帶有沉穩氛圍的日式精華能夠凸顯出牛排或漢堡排的香氣。

材料（容易製作的份量）
醬油……1/2小匙
濃縮牛肉精華（參照P.68）
……100g

1　濃縮牛肉精華放入鍋中加熱，變熱後倒入醬油，不用煮到收汁。

克里奧香料鹽
Creole salt

將製作炸雞時必須用到，常備於店內的克里奧香料與鹽混合。與辣椒相比，克里奧香料是更凸顯胡椒表現的單純辣味，同時混入了香甜與香料應有的清涼感。

材料（容易製作的份量）
孜然粉……3大匙
肉桂粉……2大匙
甜椒粉……2大匙
胡椒……1大匙
大蒜粉……1小匙
百里香粉……1小匙
月桂葉粉……1小匙
卡宴辣椒……少量
藻鹽……1大匙

1　混合所有材料，放入密閉容器保存。

橙香風味鹽
Orange flavored salt

柳橙皮的風味結合了搭配性極佳的香料與香草，讓鹽吸收柔和的香氣。建議選用帶有酥脆口感的雪花鹽。

材料（容易製作的份量）
孜然籽……1大匙
芫荽籽（用刀背拍碎）
……1小匙
乾燥牛至……1小匙
丁香……1粒
柳橙皮……2g
雪花鹽（馬爾頓）……2大匙

1　混合所有材料，放入密閉容器，讓鹽吸收氣味。鹽會吸收柳橙皮的水分後會開始變乾，雖然不易變質，但還是盡快使用完畢。

鮮蔬莎莎醬
（番茄、洋蔥、青椒）
Salsa cruda

只需將切丁的生菜拌勻。雖然沒有加鹽調味，但蔬菜的新鮮香味與口感竟然與炙烤過的肉極為相搭。這也是本店招牌伊帕內馬（Ipanema）牛排不可或缺的莎莎醬。

材料（容易製作的份量）

番茄……150g
青椒……100g
紅洋蔥（切末）……100g

1　番茄與青椒分別去籽後，切成1cm塊狀。

2　將1與紅洋蔥拌勻。

阿根廷青醬
Chimichurri

阿根廷等地相當常見的肉類醬汁。作法多元，基本上都會呈膏狀，但我本身比較喜歡混合多種蔬菜丁，享受其中的口感。

材料（容易製作的份量）

A｛
　紅甜椒……50g
　蕪菁……50g
　櫛瓜……50g
　茄子……50g
　胡蘿蔔……50g
　紅心蘿蔔……50g
　羅勒葉……10片
　番茄乾……20g
｝
鯷魚膏……1小匙
卡宴辣椒……少量
鹽……少量

1　將A的所有材料切丁，與其他材料拌勻。可以做好立刻使用，或放置一天使其入味。

奇異果綠莎莎醬
Salsa verde

醬料基底雖然使用了墨西哥風味的綠莎莎醬，但我將墨西哥綠番茄（Tomatillo，亦名為黏果酸漿）換成了不甜的未熟奇異果。除了能用來佐搭肉類料理或墨西哥捲餅（Taco），還能品嘗到青辣椒味十足，如西班牙蕃茄冷湯（Gazpacho）般的風味。

材料（容易製作的份量）

A｛
　奇異果（未熟尚硬）
　　……90g（削皮）
　番茄（未熟尚硬）
　　……250g
　芫荽（摘掉葉片）
　　……10g
　青辣椒（連籽一同去掉
　　蒂頭）……20g
｝
紅洋蔥（切末）……30g
鹽……1撮

1　將A材料稍微切過，放入食物料理機打成粗丁。

2　將1倒入料理盆，放入紅洋蔥，加鹽調味。

牛肉料理的多元變化
Practice

伊帕內馬牛排

Grilled sirloin
IPANEMA style

這是「Mardi Gras」人氣數一數二的料理之一。把肉抹鹽靜置一晚，讓鹽滲入再做成牛排的方法，是我從巴西常見的鹽漬牛肉中獲得的靈感。當地雖然會用來燉滷，但我選擇改良成這道牛排料理。配菜當然是佐上黑豆燉肉、炒木薯粉等巴西風味菜，料理則取名為伊帕內馬（Ipanema）牛排。這道料理與本書前半部介紹的基本牛排不同，肉質緊實非常獨特，再加上已經脫水，因此熱煎時很快變色。許多店家會使用內橫膈膜或外橫膈膜，並以炭加熱，慢火炙燒，但我選擇使用厚重的鐵板。料理時的重點在於鐵板必須充分加溫蓄熱後，再以小火燒烤牛肉。

材料（容易製作的份量）

紐約客……1片（300g）

鹽……3g（肉重的1%）

奶油……15g

粗粒胡椒……適量

配菜

巴西黑豆燉肉（參照P.86）……適量

炒木薯粉（參照P.86）……適量

鮮蔬莎莎醬（參照P.81）……適量

飯（茉莉香米）……適量

＊使用熊本產的赤牛紐約客。

1 將紐約客撒鹽，放入真空袋抽真空，置於冰箱冷藏一晚（照片 **a**）。

＊使用真空袋是為了讓鹽充分滲入及預防氧化，當然也可以用保鮮膜包裹就好。

2 鐵板充分加熱後，轉成小火，放入奶油，將回到室溫的 1 牛肉油脂面朝下立起，擺入鍋中（照片 **b**）。不用1分鐘就會變色，這時翻倒肉塊（照片 **c d**），依序熱煎其他面（照片 **e**）。

3 熱煎時間總計3分鐘左右。將最後一面朝下（照片 **f**）後就可關火，利用餘溫加熱。過了2～3分鐘後，再次開小火，並將最後一面煎出顏色。將肉取至盤子，擺放在溫度足夠的位置。

4 將空鐵板加熱，把 3 的肉切成片狀，與配菜一起盛盤，並在肉的上方擺放粗粒胡椒。

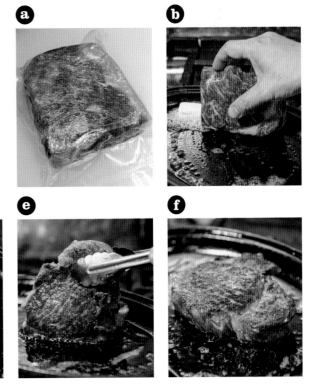

〔伊帕內馬牛排〕
配菜

巴西黑豆燉肉
Feijoada

炒木薯粉
Falofa

巴西黑豆燉肉

材料（容易製作的份量）

切剩的碎牛肉……150g

豬頰肉、豬舌、豬耳
……總計700g

乾黑豆……200g

洋蔥（切末）……2顆

大蒜（切末）……2瓣

番茄泥……100g

豬油……2大匙

鹽……適量

水……1L

＊豬頰肉、豬舌、豬耳的比例
可以個人喜好設定，
豬耳的膠質則是能讓料理更加美味。

＊黑豆浸水一晚泡軟。

1 碎牛肉、豬頰肉、豬舌分別撒入重量1%的鹽，豬耳則是撒入重量1.6%的鹽，置於冰箱冷藏一晚後，切成與黑豆差不多的大小。

2 豬油、大蒜倒入鍋中加熱，飄香後放入洋蔥拌炒。洋蔥炒軟後，放入1的

肉類稍微拌炒，接著加入瀝乾水的黑豆、番茄泥與需要的水量。

3 水滾後火候轉小，蓋上鍋蓋，燉煮約2小時讓肉與黑豆變軟。過程中如果湯汁收乾就要補充水量，試味道並加鹽調整。

炒木薯粉

材料（容易製作的份量）

木薯粉……3大匙

培根（切末）……20g

紅棕櫚油（Carotino）……1大匙

＊木薯粉（Farinha de mandioca）
是將木薯（Cassava）磨碎乾燥製成。

1 紅棕櫚油倒入平底鍋加熱，將培根炒香滲出油脂後，倒入木薯粉，不斷拌炒出香氣。

Grilled sirloin IPANEMA style

黃金牛沙拉
Cold beef salad

將烤牛肉切成更能享受咀嚼感的
方塊狀，做成沙拉料理。調味雖
然可以使用一般的油醋醬，不過
我自己會覺得這樣有點無趣。於
是將加那利群島常用來搭配肉類
料理或蔬菜的香菜青醬，添加柳
橙果肉，加以改良製成醬汁。香
菜、薄荷搭配上充滿異國感的孜
然香與柑橘風味會讓人食指大
動。

材料（容易製作的份量）

烤牛肉（參照P.52）……適量

香菜青醬（參照右記）……適量

沙拉用葉菜……適量

鹽……少量

胡椒……少量

1 葉菜撒點鹽、胡椒後盛盤，擺上切
成方塊狀的烤牛肉，澆淋香菜青
醬。

香菜青醬
材料（容易製作的份量）

香菜葉（切粗末）……10g

薄荷葉（切粗末）……10g

大蒜（切末）……1/2瓣

柳橙果肉（去皮去膜）……1顆

萊姆皮（切成細絲）……3g

萊姆汁……2顆

孜然粉……1小匙

黑糖粉……1小匙

鹽……1/2小匙

橄欖油……150ml

1 所有材料倒入料理盆，充分拌勻。

風味烤牛肉

Roasted beef
with seasoning

將小塊牛肉佐上柑橘風味加以烘烤。這裡使用黑毛和牛（尾崎牛）的牛臀蓋。牛臀蓋肉質不會太硬，帶有柔和彈性，雖然是赤身肉，油脂表現卻很強烈，味道更是濃郁，為了取得整體協調性，就必須稍微增加鹽量。以慢火加熱，讓提味蔬菜及柑橘香氣能裹住整塊肉。如果有炭爐，那麼用炙火慢慢燒烤也是不錯的選擇。

材料（容易製作的份量）

牛臀蓋（黑毛和牛）

　……1片（250g）

鹽……3g（肉重的1.3%）

胡椒……適量

A ─ 洋蔥（整棵連皮切成8等分的
　　　　扇形片）……2片
　　大蒜（帶皮）……1瓣
　　柳橙皮（用刨刀刨下）
　　　　……3片
　　百里香（用繩子捆綁）
　　　　……10支
　└ 月桂葉……1片

牛肉風味油（參照P.69）

　……3大匙

橙香風味鹽（參照P.80）

　……適量

＊沒有牛肉風味油可使用橄欖油。

1 讓牛臀蓋回到室溫，整塊撒鹽與胡椒，稍微靜置使其入味。

2 用小火慢慢加熱西班牙燉鍋（Cazuela，陶製盅），倒入牛肉風味油，將 1 的牛肉放入鍋中，油脂面朝下立起（照片ⓐ）。用微微冒泡的火候加熱，煎到稍微變色後，翻倒肉塊（照片ⓑ）。將 A 的材料排列於間隙處（照片ⓒ），放入200℃烤箱烘烤12分鐘。

3 12分鐘後，從烤箱取出，將肉塊翻面。這時內部大約七分熟，接著改用直火加熱，煎到變色，調整內部熟度（照片ⓓ ⓔ）。插入金屬串確認後，便可將肉放到盤子，擺放在溫度足夠的位置12分鐘（照片ⓕ）。

4 切開靜置過的肉塊，放回西班牙燉鍋，在肉的切面撒上橙香風味鹽。

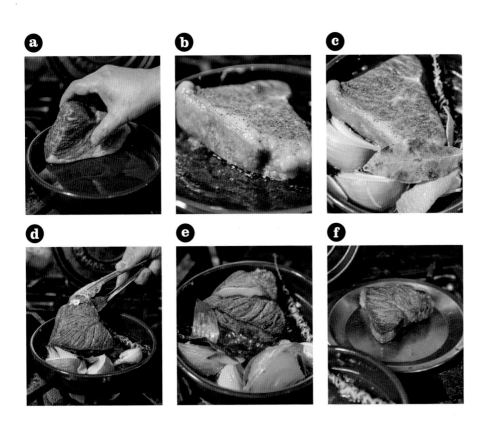

煙燻牛肉
Pastrami

使用的牛肉

美國安格斯黑牛的肩胛里肌肉。
可分為不同肉質的三個部分,
每個部份熱的傳遞速度不同,
因此加熱後表面會稍微
凹凸起伏,呈波浪狀。
肩胛里肌屬於運動量大的部位,
質地雖然堅韌卻相當濃郁,
適合做成煙燻牛肉。

肉塊撒鹽與香料後靜置一晚,先充分煙燻過後再來烘烤。一般
來說,煙燻牛肉其實鹹味會更重,且經過充分靜置,所以口感
與味道較接近火腿,但這裡我烹調成比較接近烤牛肉的感覺。
外表的香料並不是因為煙燻與烘烤變焦,而是本身的色澤變得
較深,希望藉此呈現出有深度的香氣。烤好當然可以直接品
嘗,不過這裡是將肉切薄片,做成煙燻牛肉三明治。

材料（容易製作的份量）

肩胛里肌肉塊……2kg

鹽……26g（肉重的1.3%）

A
- 煙燻甜椒粉……3大匙
- 孜然粉……1大匙
- 多香果粉……1大匙
- 黃芥末籽粉……1/2大匙
- 胡椒（粗磨）……3大匙
- 大蒜粉……1大匙
- 芫荽籽粉……2大匙

洋蔥（對半橫切）……3顆

大蒜（對半橫切）……1整顆

橄欖油……適量

＊準備80g煙燻木屑。

---

1 混合鹽與 A（照片ⓐ），撒滿整塊牛肉。除了表面，纖維縫隙也要充分塗抹（照片ⓑ），用保鮮膜裹緊，放入塑膠袋，靜置冰箱冷藏一晚。

2 肉塊靜置一晚後的狀態（照片ⓒ）。完全被香料裹住的肉塊變得緊實。

3 在大湯鍋鍋底將煙燻木屑鋪成中空圓形，為了讓肉塊煙燻狀態更穩定，在鍋底中央擺入用鋁箔紙做成的圓片（照片ⓓ）。

4 用鉤子勾起2的肉，掛在堅固的網子上，將肉垂吊於3的大湯鍋（照片❺❻）。蓋上用鋁箔紙包住的鍋蓋，開火加熱（照片❼），開始冒煙後轉弱火候。

5 維持薄煙不斷冒出的狀態，煙燻約40分鐘。在煙燻時，為了盡量不要讓肉受熱，因此留了鍋子與蓋子的間隙（照片❽）。

6 正好煙燻20分鐘的狀態（照片❾）。已經燻出明顯顏色。

7 40分鐘後（照片❿）。表面變乾，煙燻使得香料色澤變深。從鍋子取出，卸下鉤子。

8 將洋蔥與大蒜排列於淺鍋，並將7的肉擺上。從上方澆淋橄欖油（照片❿），以200℃烤箱烘烤1小時左右（照片❿）。大約經過20分鐘時將肉翻面，繼續烤半小時後，再次翻面烤10分鐘。每次翻面都要插入金屬串確認裡面的熟度（照片❿）。

9 從烤箱取出，至少靜置半小時後，再切成薄片（照片❿）。

煙燻牛肉三明治
材料
裸麥麵包（切片）……適量
煙燻牛肉（參照左記，切片）……適量
瑪利波起司（切片）……適量
美國黃芥末……適量
奶油……適量
醃酸黃瓜……適量

1 在一片裸麥麵包塗抹奶油，另一片則是擺放瑪利波起司，分別進爐烘烤。塗了奶油的麵包再抹上黃芥末後，疊放煙燻牛肉片，接著蓋上放了起司片的麵包。最後擺上醃酸黃瓜，並插入牙籤固定。

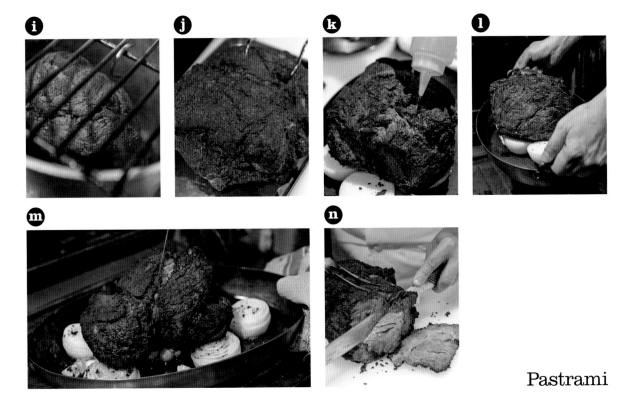

ⓘ ⓙ ⓚ ⓛ

ⓜ ⓝ

Pastrami

豪邁擺上炸牛排的奢華咖哩。若使用柔軟的菲力，那麼就算只有一支湯匙也能輕鬆品嘗。麵衣的酥脆與浸了咖哩醬後變得濕軟的對比亦是一種享受。這裡使用的牛肉極有份量，為了掌握整體的協調表現，因此搭配上充滿黑胡椒鮮明風味的香料咖哩。不過，刻意搭配黏稠的歐風牛肉咖哩組合其實也是日式西餐的樂趣所在。

炸牛排咖哩
Beef cutlet curry

1 將P.117的香料咖哩、P.71的炸豬排以及白飯盛盤，佐上醃酸黃瓜。在白飯撒點義大利香芹碎末。

炸牛排三明治

炸牛排使用的是菲力的肋眼上蓋。此部位的表面積夠大又平坦，適合用來製作三明治。為了讓口感輕爽，這裡並未使用醬汁，僅在吐司塗抹芥末醬與酸奶，增添酸味。

材料（容易製作的份量）

炸牛排（參照P.71）……1塊

吐司（6片切厚度）……2片

奶油……適量

酸奶……適量

芥末醬（狄戎Dijon）……適量

裝飾用龍蒿……適量

1　牛肉是使用處理菲力條時的肋眼上蓋，參照P.72～73的步驟油炸。

2　吐司烤過，一片塗上奶油與酸奶，另一面塗上芥末醬。

3　用2的吐司夾住炸牛排，切掉吐司邊後，對切成兩塊。盛盤，佐上龍蒿。

Beef cutlet sandwich

迷迭香佛卡夏三明治

用炸仔牛排與充滿迷迭香氣的佛卡夏組合搭配。夾入整片奶油取代塗抹的手法，讓香氣能在口中化開擴散。滿滿的蔬菜、檸檬的清爽都是點綴。

材料（容易製作的份量）

炸仔牛排（參照P.74）……1塊

佛卡夏……1塊

番茄（切成極薄片）……中等大小2顆

生菜……適量

牛肉風味油（參照P.69）……適量

芥末醬（狄戎Dijon）……適量

奶油（切成極薄片）……70g

帕達諾起司……適量

檸檬（切成極薄片）……1/4顆

鹽、胡椒……各適量

＊使用長20cm、寬8cm、高6cm的
　自製迷迭香佛卡夏。

＊可用熱煎高湯材料時滲出的油脂，
　取代牛肉風味油。

1 佛卡夏對半橫切，下方切面塗抹牛肉風味油後，再塗上薄薄一層芥末醬。

2 在1鋪放奶油，番茄整齊排列後擺上生菜，撒鹽與胡椒，再澆淋一些牛肉風味油。接著刨入帕達諾起司，撒入檸檬後，擺放炸牛排，最後蓋上佛卡夏。

Focaccia sandwich with veal cutlet

美味牛肉拼盤
Beef Dericatessen

❸牛肉手抓飯
Beef pilaf

❷肉醬義大利麵
Spaghetti Bolognese

❹牛肉歐姆蛋
Beef omelet

1 炸牛排
Breaded beef cutlet

將炸牛排與其他各種牛肉料理做成拼盤組合，
就成了大人的童趣午餐。

❷肉醬義大利麵

由於整個拼盤算是頗有份量，因此我選擇使用清爽番茄基底的
肉醬。牛絞肉慢火熱煎焦化後，會飄出香氣。拌入義大利麵
後，還可以依個人喜好撒點帕達諾起司或帕馬森起司。

Spaghetti
Bolognese

材料（容易製作的份量）

肉醬

牛絞肉……1kg

A
├ 橄欖油……2小匙
├ 鹽……10g
└ 胡椒……適量

大蒜（切末）……2瓣
洋蔥（切末）……2顆（600g）
胡蘿蔔（切末）……1條（250g）
整顆番茄（壓濾）……800g
百里香（用繩子捆綁）……10支
月桂葉……1片

B
├ 橄欖油……2大匙
└ 奶油……30g

C
├ 鹽……1/4小匙
└ 胡椒……少量

紅酒……200ml
牛肉風味油（參照P.69）
……2大匙

最後步驟

肉醬……約200g
義大利麵（乾麵）……80g
鹽……適量

＊可用熱煎高湯材料時
　滲出的油脂，
　取代牛肉風味油。
　若沒有則可使用橄欖油。

製作肉醬

1 A 的橄欖油倒入平底鍋加熱，將牛絞肉整個鋪平於鍋中。不要碰觸絞肉，轉成稍強的中火，撒鹽與胡椒。偶爾鏟起貼住鍋底的部分（照片ⓐ），將絞肉煎到焦化。

2 肉加熱後會出水，繼續熱煎15分鐘左右，讓水分蒸發，徹底焦化（照片ⓑ）。

3 倒入篩子，瀝掉多餘油脂（照片ⓒ）。保留料理盆內累積的油脂，可以做為增添香氣等用途。

4 在進行步驟1～3的同時，準備另一支鍋子，倒入B的橄欖油與奶油，開中火加熱。飄香後放入大蒜、洋蔥、胡蘿蔔，接著加入C的鹽與胡椒，稍微混拌。放入百里香，蓋上鍋蓋，將食材悶出水（照片ⓓ）。

5 整體悶蒸變燙後就可以掀起鍋蓋。繼續加熱片刻，會發現洋蔥與大蒜不再有刺鼻的氣味，取而代之的是凝結了蔬菜甜味的核心香氣。步驟1～3與此作業最好能同時間結束。

6 於5的鍋中倒入步驟3瀝掉油脂的絞肉（照片ⓔ）。

7 在淨空的3平底鍋倒入紅酒，開大火加熱，融出附著於平底鍋的精華，酒精揮發後，再將紅酒倒入絞肉鍋中（照片ⓕ）。

8 將壓輾成汁的整顆番茄、月桂葉放入7的鍋子（照片ⓖⓗ），蓋上鍋，放入250℃烤箱烘烤1～1.5小時，也可以直火燉煮。

9 最後加入用來增添香氣的牛肉風味油（照片ⓘ），亦可將步驟3保留的油脂做替用。

完成肉醬義大利麵

10 肉醬倒入平底鍋加熱，與剛起鍋的義大利麵拌勻。可用煮義大利麵的熱水與鹽調整濃度及味道。

Beef
Dericatessen

❸牛肉手抓飯

我將烏茲別克等中亞相當常見的羊肉飯（Plov）改良成牛肉版本。把羊肉的強烈香氣改用和牛香做呈現，同時混合了茉莉香米、孜然、葡萄乾的風味，品嘗起來可說充滿異國風情。

Beef pilaf

材料（容易製作的份量）

牛臀蓋……200g

A ┌ 鹽……2g（肉重的1%）
　└ 胡椒……適量

奶油……30g

牛肉風味油（參照P.69）……2大匙

牛脂（和牛）……30g

大蒜（切末）……1瓣

洋蔥（切末）……130g

胡蘿蔔（切成小方塊）……60g

孜然籽……2小匙

葡萄乾……30g

茉莉香米……300g

濃縮牛肉精華（參照P.68）……50g

鹽……適量

＊使用青島產黑毛和牛─東京牛肉的牛臀蓋。
＊可用熱煎高湯材料時滲出的油脂，取代牛肉風味油。
　若沒有則可使用橄欖油。

1 將牛臀蓋切成較大的適口大小，以A的鹽、胡椒調味。

2 將奶油、牛肉風味油、切粗丁且稍微撒鹽調味的牛脂倒入鍋中加熱，接著倒入1的肉。以大火煎到整個明顯變色（照片ⓐ），飄香後即可先挑出肉塊。

3 將大蒜放入2的鍋中，飄香後（照片ⓑ）加入洋蔥、胡蘿蔔，撒1撮鹽，稍微拌炒後，放入孜然籽（照片ⓒ）。繼續拌炒，孜然飄出香氣後，放入葡萄乾及茉莉香米（照片ⓓ）。

4 所有米粒都有吸收到油汁後（照片ⓔ），加入400ml的水與濃縮牛肉精華（照片ⓕ），撒入1撮鹽後，再放回2的牛臀蓋（照片ⓖ）。

5 蓋上鍋蓋，沸騰後放入200℃烤箱炊煮15分鐘（照片ⓗ），也可以直火加熱。

ⓐ　ⓑ　ⓒ　ⓓ

❹牛肉歐姆蛋

充滿家常滋味的歐姆蛋雖然讓人有著些許懷念氛圍，但最後佐上了褐醬而非番茄醬，讓歐姆蛋充滿法式風味。書中雖然是在炒了洋蔥與絞肉後，直接倒入蛋液，不過店裡在準備時，也可以將內餡事先炒過。

Beef omelet

材料（容易製作的份量）

牛絞肉……100g

A—鹽……1g（肉重的1%）

雞蛋……3顆

洋蔥（切末）……60g

橄欖油……1大匙

鹽、胡椒……各適量

褐醬（參照P.113）……適量

1 先用A的鹽調味牛絞肉。打散雞蛋，加入鹽、胡椒。

2 將橄欖油倒入平底鍋加熱，放入洋蔥，加點鹽並拌炒。確實炒到水分收乾後，倒入1的牛絞肉繼續拌炒，拌炒時撒入胡椒。

3 將1的雞蛋倒入2，整個拌勻，捲成歐姆蛋。

盛盤

將牛肉歐姆蛋、肉醬義大利麵、牛肉手抓飯、炸牛排（參照P.71）盛盤。佐上義大利香芹，在歐姆蛋上澆淋褐醬。

Beef Dericatessen

清燉肉湯
Consommé

接下來除了介紹法國純樸的鄉土料理外，還會分享咖哩飯、牛肉燴飯等西式，以及鹹醃牛肉、中亞拉麵、日式拉麵等麵食，這些都是用技術與時間打造出風味的燉煮料理。牛肉必須撒鹽後靜置一晚，加熱時就能排出多餘水分，展現核心滋味。料理中還能品嘗到一起燉煮的蔬菜甜味。我們該如何掌握一鍋料理中那逐漸變化的香氣與味道，清燉肉湯就成了用來打基礎的最佳食譜。

以牛尾、牛筋、仔牛骨萃取出鮮味的小牛高湯為基底，搭配上牛絞肉與蔬菜，打造為澄澈湯底。更是凝結了法國料理精華，具備深沉滋味的奢華湯品。平常在製作時幾乎不會添加蔬菜，所以表現上會更濃郁直接，不過這裡增加了蔬菜的香甜作為襯托，讓味道帶點複雜元素。

材料（容易製作的份量）

小牛高湯（參照P.66）……1L
牛絞肉……300g
蛋白……2顆

A
洋蔥（切末）
　　……1顆（300g）
胡蘿蔔（切末）
　　……1條（180g）
芹菜（切末）
　　……1支（40g）
番茄（切末）
　　……1顆（200g）

鹽……1/4小匙

1 牛絞肉與蛋白放入料理盆，用手充分拌勻，製作量較大時可改用打蛋器。

2 將1倒入放有A蔬菜的料理盆，繼續充分拌勻（照片ⓐ）。

3 於鍋中倒入小牛高湯，加熱至50℃左右（蛋白不會立刻凝固的溫度）。
＊做好小牛高湯後要立刻製作清燉肉湯的話，就要先撈取需要的高湯量，放涼至不會燙手。

4 將2倒入3的鍋中，用打蛋器混合，開中火慢慢加熱（照片ⓑ）。

5 滾沸後撈掉比較明顯的浮沫（照片ⓒ），將鍋子的材料往邊緣撥動，讓鍋內呈現中空（照片ⓓ），這樣將能促進液體的對流，逐漸變成清澈湯汁（照片ⓔ）。維持冒小泡的火候加熱約1小時，湯汁會收到剩2/3左右的量。

6 準備沾濕並擰乾的餐巾紙，疊放在2個濾湯器中間，用湯勺將5的湯汁一匙匙舀入，慢慢過濾（照片ⓕ）。按壓濾起的肉及蔬菜反而會讓湯變混濁，所以只使用自然濾下的湯汁。

7 將濾好的湯汁加熱，加鹽調味。

火上鍋
Pot-au-feu

使用牛肉

將味道濃郁的美國產牛胸腩
抹鹽靜置一晚後再使用。
此部位肉質堅硬，
最適合用來做燉滷料理，
即便長時間熬煮
也能充分留住纖維。

這道火上鍋非常簡單，是用抹鹽後靜置一晚的牛肉以及大蔥慢火燉煮而成。雖然有添加少量濃縮牛肉精華補強味道，不過就算不使用，牛胸腩一樣能煮出好湯。這次我刻意不放入烤箱，而是用直火慢慢加熱。吸附滿滿湯汁的大蔥亦是美味。

材料（容易製作的份量）

牛胸腩肉塊……1kg

鹽……13g（肉重的1.3%）

大蔥……2支

```
    ┌ 大蒜（帶皮）……2瓣
    │ 白胡椒粒（放入料理袋）
    │     ……10顆
    │ 百里香（用繩子捆綁）
  A │     ……5支
    │ 月桂葉……1片
    │ 濃縮牛肉精華（參照P.68）
    └     ……100g
```

粗鹽（葛宏德鹽）……1/4小匙

水……1L

最後步驟

粗鹽（葛宏德鹽）……適量

白胡椒（粗磨）……適量

義大利香芹……適量

芥末醬（狄戎Dijon）……適量

＊沒有濃縮牛肉精華的話則可以省略。

1 牛胸腩抹鹽後靜置冰箱冷藏一晚使其脫水，需用繩子捆綁，避免肉散開。

2 將大蔥白色與綠色部分切開，縱向畫入切痕，並分別用繩子捆綁。

3 於鍋中放入1、2、A以及需要的水量，開火加熱（照片ⓐ）。湯汁滾沸後，鋪蓋烘焙紙（照片ⓑ），以持續冒小泡的火候燉煮至少3小時。水量要維持在能蓋住食材的高度。減少時就必須加入適當水分（分量外）。

4 煮好後（照片ⓒ）取出肉與大蔥，拆掉繩子，切成適當大小。盛盤後倒入湯汁，在牛肉切面撒點鹽與粗磨白胡椒，並佐上義大利香芹與芥末醬。

ⓐ
ⓑ
ⓒ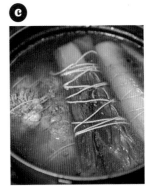

洋蔥回鍋肉
Miroton

此道原本是用火上鍋剩下的牛肉，再加點蔬菜重新煮過的簡單法國家庭料理，不過這裡使用了稍微切大塊的牛頰肉。與其他燉滷料理相比湯汁雖然較少，但用大量蔬菜包夾牛肉的方式，讓蔬菜出水，達到慢火悶蒸的效果。煮到軟爛的蔬菜融合了牛頰肉的膠質，風味雖然簡單，卻是會吃進心裡的美味佳餚。希望各位也能記住這類料理的美好。

材料（容易製作的份量）

牛頰肉塊……650g

鹽……8g（肉重的1.3%）

洋蔥（切成2cm塊狀）……400g

大蒜（剝皮）……1瓣

大蔥（綠色部分切成2cm塊狀）
　……150g

蘑菇……120g

A ┌ 小番茄（不切，只去蒂頭）
　　……500g
　醃酸黃瓜（切成2cm塊狀）
　　……300g
　百里香（用繩子捆綁）
　　……5支
　月桂葉……1片
　白胡椒粒（放入料理袋）
　　……1小匙
　白酒……300ml
　濃縮牛肉精華（參照P.68）
　└ ……100g

奶油……30g

橄欖油……2大匙

龍蒿葉……少量

1 牛頰肉抹鹽後靜置冰箱冷藏一晚使其脫水，切成4等分。

2 橄欖油倒入鍋中加熱，熱煎 1（照片ⓐ）。煎出明顯的顏色後（照片ⓑ），暫時取出。

3 將奶油、洋蔥、大蒜倒入淨空的鍋中，加少許鹽（分量外），炒到出水。食材變軟後放入大蔥，稍微拌勻後蓋上鍋蓋烹煮片刻，大蔥變軟後加入蘑菇，將所有材料拌勻。

4 將 2 的牛頰肉放回 3（照片ⓒ），接著放入 A 的所有材料（照片ⓓ）。湯汁滾沸後，蓋上鍋蓋，放入200℃烤箱中，隨時觀察狀況，燉滷2～3小時，亦可用直火加熱。

5 將滷好的洋蔥回鍋肉（照片ⓔ）放入陶鍋，煮滾後撒入龍蒿葉，就可以上桌。

羅宋湯 Bortsch

羅宋湯是道吃甜菜的料理。我認為是甜菜的甜味與鬆軟口感融入湯汁所打造的基底，才能襯托出牛肉的存在。不要放入多餘食材，將整顆甜菜與牛頰肉塊直接下鍋燉煮，擺盤則是講求清爽。讓原本必須用大鍋大量製作的料理減至最少份量，選用典雅餐盤，讓料理呈現上更有風格。

材料（容易製作的份量）

牛頰肉塊……500g

鹽……7.5g（肉重的1.5%）

甜菜（不切，只需削皮）
　……計1kg（約3顆）

A
├─ 大蔥（用繩子捆綁）
│　　……100g
│　蘑菇……10顆
│　百里香（用繩子捆綁）
│　　……10支
│　月桂葉……2片
│　茴香籽……1撮
│　白胡椒粒（連同茴香籽一起
│　　放入料理袋）……10顆
│　濃縮牛肉精華（參照P.68）
└─　　……100g

水……適量（約1.5L）

最後步驟

蒔蘿（切碎末）……適量

酸奶……適量

＊沒有濃縮牛肉精華的話則可以省略。

1 牛頰肉抹鹽後靜置冰箱冷藏一晚使其脫水。

2 將1的整塊牛頰肉直接入鍋，放入甜菜。放入所有 A 的材料，倒入能蓋住食材的水量，開火加熱（照片 ⓐ）。滾沸後撈取浮沫，鋪蓋烘焙紙，以小火燉煮約3個半小時。過程中如果水量變太少則須加水。

3 煮好後（照片 ⓑ）取出肉與甜菜，切成稍微大塊一些的方塊。盛盤，倒入湯汁，佐上蒔蘿與酸奶。

白醬燉小牛肉

仔牛肉入口即化般的軟嫩與溫和
甜味，結合奶油與乳香風味。因
為只有在剛開始的時候將肉塊抹
上一層薄麵粉，並未大量撒入，
所以出乎意料的輕盈表現一定能
讓人驚艷不已。另外，也希望各
位記住最後以蛋黃增加醬汁稠度
的行家手法。

Blanquette de veau

使用牛肉

使用法國產仔牛五花肉。依照下述步驟抹鹽靜置一晚的五花肉會因為脫水變得比較紅，但在尚未處理前是呈現漂亮的粉色。法國產的奶香風味會比日本國產牛更強烈，與奶油及鮮奶油的搭配性極佳。燉滷最適合選用長時間加熱後，口感會變得柔軟帶濃稠感的牛五花。

材料（容易製作的份量）

仔牛五花肉塊……2.7kg

鹽……32g（肉重的1.2%）

大蒜（帶皮）……1瓣

百里香……20支

月桂葉……1片

濃縮牛肉精華（參照P.68）……100g

鮮奶油（乳脂肪含量47%）……400ml

麵粉……適量

奶油……50g

水……適量（約1.5L）

最後步驟

蛋黃……2顆

A ┌ 胡蘿蔔（切成小方塊）……適量
  │ 芹菜（切成小方塊）……適量
  └ 四季豆（切成5mm長）……適量

＊將20支百里香用大蔥的外膜包住，
　再以繩子捆綁。

1　整塊牛五花抹鹽後，靜置冰箱冷藏一晚使其脫水（照片ⓐ）。

2　將1切成10cm塊狀，抹上一層薄麵粉。奶油放入平底鍋，開小火加熱，開始冒泡後排入肉塊（照片ⓑ）。

3　維持會冒小泡的火候，感覺就像是在熱煎加熱表面的麵粉，微微變色後即可翻面（照片ⓒ）。整塊煎過且不能變焦，放至篩子瀝掉油脂（照片ⓓ）。

4　用餐巾紙按壓吸乾平底鍋殘留的油脂，倒入適量的水（分量外），融出附著在鍋子的精華（照片ⓔ）。

5　將3的肉、大蒜、百里香、月桂葉、濃縮牛肉精華以及步驟4融出的湯汁加入鍋中，倒入適量的水（約1.5L），水量要能覆蓋住肉塊，開火加熱（照片ⓕ）。

（接續下頁）

ⓐ　ⓑ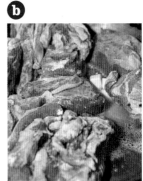

ⓒ　ⓓ　ⓔ　ⓕ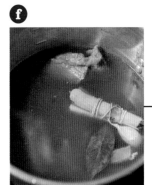

6 煮滾後撈取浮沫，鋪蓋烘焙紙，以小火燉煮約3～4小時。時間長短會取決於肉質與厚度，因此要觀察情況，注意不可燉太爛。

7 肉燉煮好的時候會逐漸成形，變得Q彈軟嫩。小心取出完整肉塊（照片**g**）。香草類也已經煮到沒有香氣，所以可以在這時取出。

8 將7的湯汁濾過置於其他鍋中（照片**h**），剩下的肉渣等固體則是以食物料理機打成泥狀。

9 將裝有湯汁的鍋子加熱，倒入鮮奶油（照片**i**），再倒入8的泥醬拌勻（照片**j**）。這樣才算完成醬汁的製作。與取出的肉分別放置備用。

10 要上桌前再完成最後步驟。將蛋黃放入料理盆，撈取適量的9湯汁（約800ml）攪拌均勻（照片**k**），移至小鍋子，以小火加熱。使其慢慢變黏稠（照片**l**）。火候太強會使蛋黃凝固，需特別留意。變成像英式蛋奶醬後，就適量加入步驟7的肉加溫。

11 汆燙A蔬菜，鋪放於盤中，擺上10的肉塊，澆淋醬汁。

g　h　i
j　k　l

Blanquette
de veau

褐醬
sauce Espagnol

褐醬是許多醬汁的核心主軸，更是法國料理的基本醬汁。這雖然也是製作多蜜醬汁（Demi-glace sauce）時的基底，但我相信比較現代的法國料理店幾乎都已經不再自製醬汁。於是我把這充滿傳統元素的醬汁，以自己的方式加以改良成更符合當今時代。不僅展現出蔬菜的香與甜，更摒棄以麵粉勾芡，而是改用撒入些許麵粉的方式，營造出輕盈表現。這道醬汁除了能用來製作後述的牛肉咖哩，還能稍微增加焦度，改良成牛肉燴飯。一般來說，褐醬是不會單獨使用，不過這道褐醬加鹽調味後，還能做成歐姆蛋或炸物的沾醬。

材料（容易製作的份量）

A
- 大蔥（綠色部分）……60g
- 洋蔥……250g
- 胡蘿蔔……130g
- 芹菜……10g

大蒜（切末）……1瓣

麵粉……30g

白酒……300ml

B
- 整顆番茄（壓濾）……400g
- 濃縮牛肉精華（參照P.68）……100g
- 百里香（用繩子捆綁）……10支
- 月桂葉……1片

奶油……30g

橄欖油……2大匙

鹽……1/4小匙

＊將 A 的所有蔬菜切小塊。
＊若有牛肉風味油（參照P.69）或熱煎高湯材料時滲出的油脂，則可用來取代橄欖油。

1　將奶油與橄欖油倒入鍋中加熱，放入大蒜。飄香後加入 A，撒鹽，將材料攤平後，暫時不要翻動，加熱片刻。

2　蔬菜變熱後，持續拌勻讓材料出水，直到飄出帶甜香氣。

3　倒入麵粉混合，以小火拌炒到看不見粉末，注意不可燒焦（照片ⓐ）。

4　加入白酒，酒精揮發後（照片ⓑ），加入 B 的材料（照片ⓒ）。煮滾後將火候轉小，燉煮約30分鐘（照片ⓓ），濾過後即可使用。若要直接作為湯品，則需加鹽（分量外）調味。

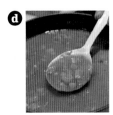

牛肉咖哩

Bœuf au curry

這雖然是道以褐醬作為味道主結構的歐風咖哩，不過因為沒有使用麵粉，所以並不會讓胃感覺沉重。結合「Mardi Gras」常備的咖哩蔬菜餡料，成為柔和的濃郁表現融入牛肉鮮味的醬汁。儘管使用的是牛肉肉角，但百分之百和牛一樣能讓料理變得奢華。

材料（容易製作的份量）

牛肉肉角……500g

鹽……5.5g（肉重的1.1%）

胡椒……適量

蘑菇（切厚片）……100g

咖哩粉（市售品）……1大匙

A
┌ 褐醬（參照P.113）
│　　……300g
│　自製咖哩餡料
│　（參照右記）……300g
│　濃縮牛肉精華（參照P.68）
│　　……200g
└ 蘋果醬……1大匙

奶油……30g

最後步驟

白飯……適量

帕達諾起司（磨粉）……適量

醃酸黃瓜……適量

義大利香芹……適量

＊使用的肉角是以和牛牛臀蓋周圍為主，
　並混合了美國紐約客及
　外橫膈膜的肉角。
＊亦可用芒果醬（Mango Chutney）
　取代蘋果醬。

自製咖哩餡料
材料（容易製作的份量）

洋蔥……400g

大蒜……1瓣

薑……10g

胡蘿蔔……180g

芹菜……20g

咖哩粉（市售品）……1大匙

鹽……1/2小匙

橄欖油……2大匙

水……500ml

1　將 A 的所有蔬菜切末。

2　橄欖油倒入鍋中加熱，放入 1 與鹽炒到出水。變軟後，倒入咖哩粉與所需水量，燉煮至湯汁接近收乾。

1　將肉角撒鹽、胡椒（照片 ⓐ）。

2　奶油放入鍋中加熱，將 1 煎到變色（照片 ⓑ）。肉角會滲出大量油脂，這時要先用篩子撈起瀝掉油脂（照片 ⓒ）後，再放回鍋中，煎到明顯出現焦色。

（接續下頁）

ⓐ

ⓑ

ⓒ

3 將蘑菇放入2拌勻，變軟後加入咖哩粉混合（照片**d**）。接著加入1拌勻（照片**e**～**h**），煮滾後轉小火，蓋上鍋蓋，燉煮1小時（照片**i**）。亦可用烤箱加熱。試味道後，加鹽（分量外）做調整。

4 盤中盛飯，淋上咖哩。在白飯撒點起司，佐以醃酸黃瓜與義大利香芹。

Bœuf au curry

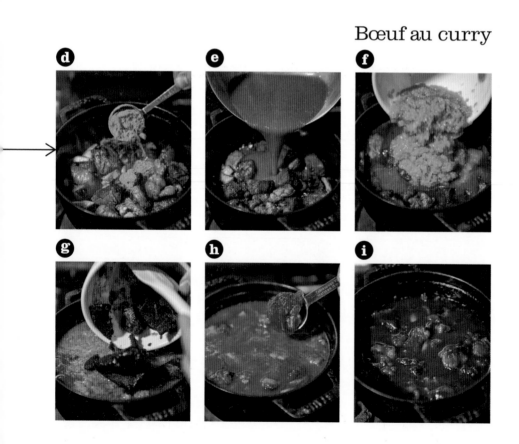

香料咖哩
Spice curry

將最近很受歡迎的香料咖哩改良成和知流風味。我把在斯里蘭卡品嘗到，那來自深焙咖哩粉的風味盡情想像，並製作出這道充滿馥郁氣息的香料咖哩，甚至能直接作為香料風味十足的調味料使用。乍看之下雖然是蔬菜咖哩，但黑胡椒的鮮明辣味其實還結合了牛肉精華。最後步驟的蔗糖將讓整體表現更一致。

材料（容易製作的份量）

A
- 洋蔥（切末）……400g
- 大蒜（切末）……1瓣
- 薑（切末）……10g
- 胡蘿蔔（切末）……180g
- 芹菜（切末）……20g

B
- 黑胡椒粒……2大匙
- 孜然籽……2大匙
- 紅辣椒……1根
- 小豆蔻……4顆
- 香菜籽……1小匙
- 茴香籽……1小匙
- 芥末籽……1小匙

濃縮牛肉精華（參照P.68）
　　……200g

牛肉風味油（參照P.69）
　　……6大匙

蔗糖……1～2小匙

鹽……適量

最後步驟

白飯……適量

孜然粉……適量

蒔蘿……適量

＊可用橄欖油替代牛肉風味油。

1 於鍋內加入2大匙牛肉風味油，放入 A。撒入1撮鹽，炒到變軟出水（照片ⓐ）。

2 將 B 的香料放入平底鍋，以中火乾煎，注意不可焦掉。孜然與茴香飄出香氣時，加入4大匙牛肉風味油浸泡出味道（照片ⓑ）。香料淡淡變色，芥末籽開始彈跳時，就可讓平底鍋離開火源（照片ⓒ），並用果汁機打成液狀。

3 將2倒入1鍋中（照片ⓓ），拌勻後加入濃縮牛肉精華（照片ⓔ）。如果水量略顯不足，則需適量加水。煮滾後蓋上鍋蓋，放入200℃烤箱或以直火加熱30分鐘。

4 煮好時湯汁會收得比較乾（照片ⓕ）。以蔗糖與鹽調味。

5 盤中盛飯，淋上咖哩。在白飯撒點孜然，佐上蒔蘿。

牛肉燴飯

Hashed beef

將P.113介紹的褐醬在製作時改以烤箱慢烤至焦黑後使用，成了一道訴求與西式料理店所使用的多蜜醬汁完全不同的牛肉燴飯。不僅保留了甜味，醬汁微苦的風味中更帶有馬德拉酒香，讓和牛跟著飄香。用來提味的黑可可亦是關鍵。整體表現雖然帶有奢華，品嘗時卻充滿清爽。

褐醬（黑版）
材料（容易製作的份量）
P.113褐醬材料……全部
黑可可粉……1大匙

＊黑可可粉會比一般的可可粉更黑，
　若想要讓麵團等能像竹炭一樣深黑，
　就會使用黑可可粉。帶有苦味，
　香氣卻不如一般可可粉強烈，
　可於食品材料行購得。

1　依照P.113作法的步驟1、2作業，完成步驟3倒入麵粉，攪拌均勻後，放進250℃烤箱烘烤45分鐘。剛開始要每10分鐘取出拌勻，拌2次後改成每5分鐘取出攪拌，加熱至變得焦黑（照片ⓐ）。

2　取出烤箱後，改以直火加熱，倒入白酒煮到沸騰，讓酒精揮發（照片ⓑ）。接著放入B材料與黑可可粉（照片ⓒ ⓓ ⓔ），煮沸後轉小火，燉煮30分鐘，過濾汁液。

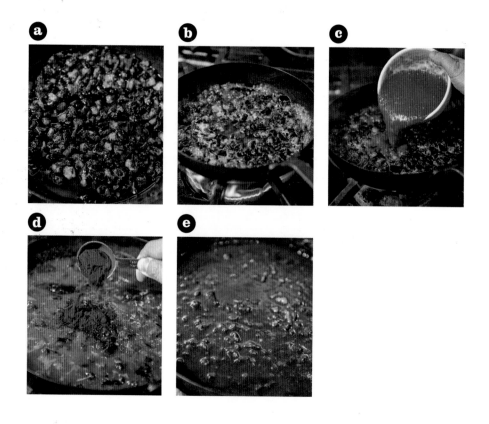

材料（容易製作的份量）

牛肉肉角（牛臀蓋）

　　……500g

A—鹽……5g（肉重的1%）

洋蔥（切薄片）……250g

蘑菇（切薄片）……100g

馬德拉酒……200ml

B
┌ 濃縮牛肉精華（參照P.68）

　　……200g

└ 褐醬（黑版，參照前頁）

　　……250g

奶油……30g

鹽……1/2小匙

最後步驟

白飯……適量

青豆（汆燙）……適量

1 肉角若比較大塊，先切片再撒入A的鹽（照片**f**）。

2 奶油放入鍋中加熱，接著放入洋蔥與1/2小匙鹽拌炒。蓋上鍋蓋悶炒，直到洋蔥變金黃色，滲出甜味（照片**g**）。

3 把1與蘑菇倒入2拌炒（照片**h**）。因為這次使用帶有紋理的柔軟和牛，所以不用刻意炒到明顯變焦。

4 稍微加熱後，倒入馬德拉酒。將食材煮沸，酒精揮發，接著倒入B拌勻（照片**i**），蓋上鍋蓋，放入200℃烤箱，邊留意情況邊燉烤1～1.5小時（照片**j**），亦可用直火燉滷。

5 白飯盛盤，澆淋牛肉燴醬，撒上青豆。

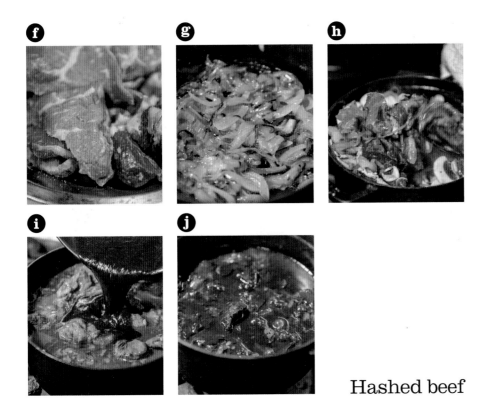

Hashed beef

中亞拉麵
Lagman

中亞拉麵是烏茲別克等中亞地區相當普遍，更被視為拉麵源頭的料理。原本是以羊肉為食材，更無添加高湯，不過這裡使用了牛肉肉角與濃縮牛肉精華，打造出比羊肉更清爽的口感。麵條會在客人點餐後再手擀汆燙，雖然耗時費工，卻非常符合這道料理的純樸風味。

材料（容易製作的份量）

牛肉肉角……500g

A
├─ 鹽……5.5g（肉重的1.1%）
└─ 孜然粉……1小匙

大蒜（切半）……1瓣

洋蔥（扇形片）……350g

甜椒（紅、黃，隨意切成大塊）
……各1顆

整顆番茄（壓濾）……800g

濃縮牛肉精華（參照P.68）
……100g

橄欖油……3大匙

鹽……適量

最後步驟

中亞拉麵麵條（參照P.124）
……適量

孜然粉……適量

香菜……適量

＊使用美國產紐約客、外橫膈膜、
牛心等部位的肉角。

1 處理肉角時，筋較多的部分切薄，柔軟的部位則是切大塊（照片 **ⓐ**），撒入 A 的鹽與孜然粉。

2 鍋中倒入2大匙橄欖油，放入大蒜加熱，飄香後放入洋蔥與甜椒。加入1/2小匙鹽，充分拌炒出甜味後，起鍋備用。

3 在已經淨空的平底鍋加入1大匙橄欖油加熱，放入步驟1的肉熱煎（照片 **ⓑ**）。煎出顏色後，再把2倒回鍋中（照片 **ⓒ**），同時加入番茄與濃縮牛肉精華（照片 **ⓓⓔ**）。撒少許鹽拌勻，煮沸後蓋上鍋蓋，放入200℃烤箱悶煮1小時，亦可用直火燉煮。

4 於鍋中倒入適量的3中亞拉麵醬汁加熱，放入適量浸過熱水的麵條。添加孜然拌勻。

5 盛盤，撒上香菜與孜然。

中亞拉麵麵條
Nouilles de Lagman

在中亞當地是以雙手握住麵條兩端，時而拉扯、時而拍打，拉出長度驚人的麵條。不過這需要相當熟練的技術，因此我在店裡是以雙手搓揉製作。作法雖然沒那般厲害，卻能充分沾裹醬汁。

材料（容易製作的份量）

中筋麵粉（烏龍麵用粉）……300g

鹽……12g

水……140g

手粉（太白粉）……適量

1 用攪拌機將中筋麵粉、鹽、需要的水量拌勻製作麵團，靜置且要避免乾掉。

2 將1麵團撒點手粉，擀成3mm左右的厚度，拍打並切成1cm寬。

3 用雙手將2的麵團條搓揉塑形，製作麵條（照片ⓐⓑ）。

4 煮沸大鍋熱水，將3汆燙20分鐘。用水沖洗掉黏液，讓麵條變Q彈，重新過一次熱水後再使用。

Lagman

拉麵
Ramen

製作拉麵很有趣，所以我偶爾會在店裡提供這道料理。使用牛肉製作湯汁時，只有用濃縮牛肉精華會讓湯頭太過濃郁，變得無法與麵條做搭配，因此會改用豬大骨、老雞、蔬菜，就像在燉煮雞骨蔬菜高湯（Jus de Poulet）一樣，結合以慢火燉煮2天的澄澈湯汁，並搭配上滿帶八角香的牛頰肉叉燒醬汁、炒過的大蔥與生火腿增添風味。以法國料理手法打底，端上一碗在香港小巷內能夠品嘗到的麵食。

材料（容易製作的份量）

牛頰肉叉燒

牛頰肉塊……500g

鹽……7.5g（肉重的1.5%）

A
- 大蒜（切片）……1瓣
- 薑（切片）……10g
- 肉桂條……1片
- 八角……3顆
- 蔗糖……6大匙
- 泰國醬油（Seasoning Sauce）……100ml
- 水……600ml

豬大骨老雞湯

豬大骨……3支

B
- 老雞……2kg
- 洋蔥（去皮去芯）……3顆
- 大蒜（對半橫切）……2大顆
- 薑（切片）……10g
- 青蔥（切成適當長度）……1支
- 胡蘿蔔（切半）……1條
- 蘋果……1顆

最後步驟

濃縮牛肉精華（參照P.68）……200g

豬大骨老雞湯……800ml

大蔥（切成2cm塊狀）……100g

生火腿（伊比利豬Bellota等級，切粗丁）……40g

牛頰肉叉燒醬汁……1大匙

薄味醬油……1～1.5小匙

牛肉風味油（參照P.69）……3大匙

中式麵條……適量

牛頰肉叉燒……適量

細香蔥……適量

＊若無牛肉風味油，
可用胡麻油等其他風味佳的植物油。

製作牛頰肉叉燒

1 牛頰肉抹鹽，放置冰箱冷藏一晚，用蒸鍋悶蒸直到內部變軟熟透。

2 將A的所有材料倒入鍋中煮滾，將還有熱度的1放入直到變涼（照片ⓐ）。

豬大骨老雞湯

3 將B的所有材料放入大湯鍋，加水蓋過食材並加熱。

4 滾沸後轉小火，撈掉浮起的浮沫，並維持在持續冒小泡的火候（照片ⓑ），慢火燉煮2天。當湯汁收到剩7成左右，豬大骨、老雞與蔬菜精華已全部進入湯汁後，即可完成麵用湯底（照片ⓒ）。
＊使用時再濾取需要的份量。

製作拉麵最後步驟

5 濃縮牛肉精華、豬大骨老雞湯一同倒入鍋中加熱。

6 將2大匙牛肉風味油倒入平底鍋加熱，大蔥與生火腿炒香後，加入5。以小火煮10分鐘，讓湯汁充分混合。

7 最後加1大匙牛頰肉叉燒醬汁與牛肉風味油，接著加入薄味醬油（照片ⓓ ⓔ）。視鹹淡調整薄味醬油的用量。

8 將7的湯汁濾至湯碗中，放入剛汆燙起鍋的中式麵條，佐上頰肉叉燒切片與細蔥。

Ramen

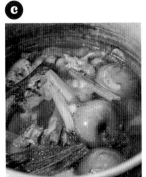

Corned beef
鹹醃牛肉

將抹過鹽與香料靜置1週的牛胸
腩,放入另備香料的鍋中費時燉
滷。鮮味濃郁的牛肉帶有煙燻牛肉
般的香氣及十足鹹味,成了一道風
味極具深度的料理。鹹醃牛肉很容
易變得乾柴,混入滷汁油脂,增加
濕潤度再品嘗會更美味。

使用牛肉

使用美國牛的牛胸腩，
雖然是肉質較硬的胸肋部位，
卻能享受到濃郁滋味。
由於纖維較粗硬，
最適合做成鹹醃牛肉這類
需剝散品嘗的料理。

材料（容易製作的份量）

牛胸腩肉塊……1.7kg

鹽……28g（肉重的1.7%）

A
- 洋蔥（橫切3等分）
  ……1顆
- 大蒜（切半）……1瓣
- 迷迭香……2支
- 丁香……5粒
- 孜然籽……1小匙

B
- 黑胡椒粒……1小匙
- 紅辣椒……1支
- 丁香……3粒
- 孜然籽……1大匙
- 多香果（顆粒）
  ……1/2小匙

大蒜（去皮）……10瓣

粗鹽（葛宏德鹽）……約1小匙

水……適量（約1L）

最後步驟

鄉村麵包……適量

醃酸黃瓜……適量

胡椒……適量

＊將B的所有香料類放入料理袋。

1 牛胸腩抹鹽，擺上A，放入真空袋抽真空（照片**ⓐⓑ**）。放置冰箱冷藏醃1週。

2 1週後的狀態（照片**ⓒ**）。放在上面的蔬菜、香草、香料已經完全發揮，因此可先拿掉這些材料（照片**ⓓ**）。

（接續下頁）

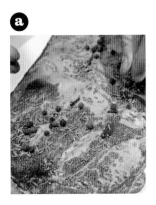

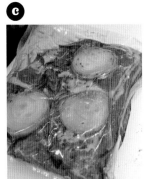

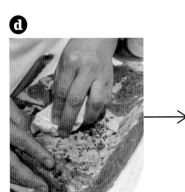

3 將肉、B、大蒜放入鍋中，注入適量的水（蓋過食材即可），以大火加熱（照片**e**）。煮沸後轉小火，撈取浮沫（照片**f**），注意不可撈掉浮起的油脂。

4 肉的鹹味會進入滷汁，所以只需以1L的水加1小匙鹽的比例稍作補充即可（照片**g**）。放入200℃烤箱或以直火烹煮3小時左右。

5 將4放涼至不燙手後，取出肉塊，用手撕成肉絲（照片**h i j**）。由於纖維較長，可切成適當長度後，拌入適量浮在滷汁上的油脂，讓肉絲變得濕潤（照片**k l**）。

6 將鄉村麵包、鹽醃牛肉盛盤，撒點胡椒，佐上醃酸黃瓜。

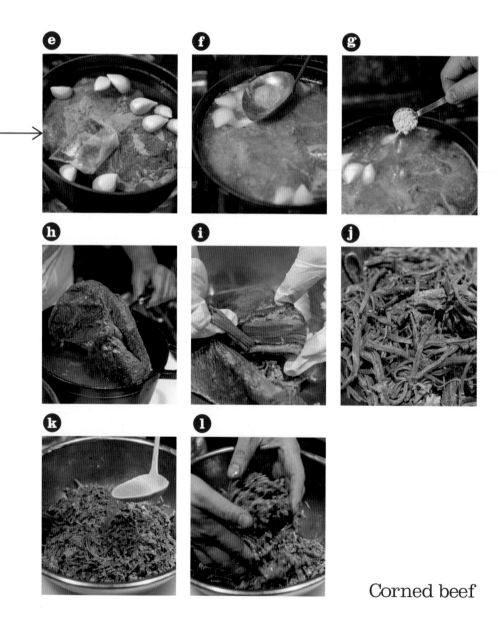

Corned beef

牛肉風味冰淇淋
Beef flavored ice cream

我為了撰寫本書，在思考各種牛肉料理菜單的過程中，不禁心想能不能製作甜點類的料理，於是誕生了這道牛肉風味冰淇淋。首先要製作使用濃縮牛肉精華與柳橙汁的糖醋醬（Gastrique），並混入冰淇淋中，最後還需要在冰淇淋上澆淋醬汁。重點是要不顯眼到讓人吃了之後才會發現原來使用了高湯。外觀看似簡單，卻是展現高湯與牛奶滋味完全結合的一道料理。

材料（容易製作的份量）

A
- 牛奶……250ml
- 鮮奶油……110ml
- 蛋黃……4顆
- 蔗糖……100g
- 柑曼怡香橙干邑（Grand Marnier）……3大匙

糖醋醬（Gastrique）

- 蔗糖……80g
- 柳橙汁……150ml
- 濃縮牛肉精華（參照P.68）……50g
- 蔗糖（追加用）……50g

＊濃縮還原柳橙汁
　會比鮮榨柳橙汁更適合本料理。

1　製作糖醋醬。將80g蔗糖倒入鍋中，開火加熱不要碰觸，讓蔗糖焦化。

2　充分焦化1～2分鐘後，倒入柳橙汁。整體拌勻後，倒入濃縮牛肉精華，煮到收乾1～2成的湯汁後，再加入追加用的蔗糖拌勻。

3　製作冰淇淋。將 A 倒入冰淇淋機，攪拌成冰淇淋糊後，加入3大匙糖醋醬，繼續攪打。

4　舀起冰淇淋盛盤，澆淋適量糖醋醬。

讓我累積所有基礎功力的法國料理並不
會使用到薄切肉,就連每天工作的餐廳
也沒有用邊緣肉做成的料理,對此,我
思考了如果是自己的話,會怎麼烹調成
菜餚?於是參考了各國料理的技法與精
髓,改良成和知流風味菜。

The Butcher's lunch

肉店的員工伙食

和牛與醬油的契合程度相信已是不言而喻。然而，如果醬油表現太過突出，反而會變得像是在吃壽喜燒或照燒料理，因此我決定不加甜味，改以濃縮牛肉精華的濃郁鮮味為基底做成醬油風味醬，徹底營造出法式風味。又希望吃肉的同時還要能充分攝取蔬菜，於是端出這道佐上滿滿生菜的料理。

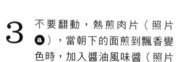

材料（容易製作的份量）

肋眼薄肉片（黑毛和牛）……150g

鹽……1.2g（肉重的0.8%）

胡椒……適量

醬油風味醬（參照P.80）……25ml

奶油……15g

配菜

5種生菜（參照次頁）……各適量

1 攤開薄肉片，撒上足量的鹽與胡椒。

2 奶油放入平底鍋加熱，將1攤平排列，不可重疊。

3 不要翻動，熱煎肉片（照片 ⓐ），當朝下的面煎到飄香變色時，加入醬油風味醬（照片 ⓑ），朝下那一面沾裹醬汁後，即可起鍋（照片 ⓒⓓ）。

盛盤

將3的肉與5種生菜一同盛入容器。

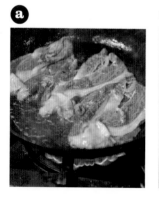

配菜（5種生菜）

●胡蘿蔔

材料（容易製作的份量）

胡蘿蔔（切細絲）……150g

鹽……1/4小匙

精製白糖……1/4小匙

白胡椒……少量

雪莉酒醋……1大匙

義大利香芹（切末）……適量

葵花油……2大匙

1 胡蘿蔔放入料理盆，接著放入其他材料，充分拌勻。

●紫高麗菜

材料（容易製作的份量）

紫高麗菜（切細絲）……150g

鹽……1/4小匙

白胡椒……少量

茴香粉……少量

蒔蘿（切末）……3～4支

美乃滋……4大匙

1 紫高麗菜放入料理盆，接著放入其他材料，充分拌勻。

●塊根芹

材料（容易製作的份量）

塊根芹（切細絲）……150g

鹽……1/4小匙

白胡椒……少量

孜然粉……少量

檸檬汁……1小匙

美乃滋……4大匙

1 塊根芹放入料理盆，接著放入其他材料，充分拌勻。

●四季豆

材料（容易製作的份量）

四季豆……80g

鹽……1撮

白胡椒……少量

紅蔥頭（切末）……1小匙

雪莉酒醋……1小匙

核桃油……2小匙

1 切掉四季豆前端，整條下水汆燙後，放入料理盆，接著放入其他材料，充分拌勻。

●馬鈴薯

材料（容易製作的份量）

馬鈴薯……300g

鹽……1/2小匙

白胡椒……少量

精製白糖……1/4小匙

雪莉酒醋……1/4小匙

橄欖油……1/4小匙

芥末醬（狄戎Dijon）……1大匙

美乃滋……5～6大匙

酸豆……20顆

紅心橄欖（帶甜椒）……6顆

1 馬鈴薯汆燙後去皮，放入料理盆，稍微搗爛，並加入所有調味料拌勻，接著放入酸豆與切半的紅心橄欖混合。

The Butcher's lunch

Espetada

在葡萄牙，會將串燒肉、海鮮或蔬菜稱為Espetada。
這道則是我將迷迭香梗捲上肉片取代竹籤或金屬串的原
創料理。和牛香搭配迷迭香的清新氣息，再加上馬德拉
酒的風味，整體表現簡單卻雅致。書中雖然是用平底鍋
迅速完成，改炭火炙燒應該也不錯。

材料（8片）

肋眼薄肉片（涮涮鍋用，黑毛和牛）
　……8片（每片約35g）

迷迭香……16支

鹽……肉重的0.8%

胡椒……適量

麵粉……適量

馬德拉酒……少量

橄欖油……1大匙

粗粒胡椒……適量

1　攤平肉片，在每片肉的邊緣擺放
　　2支迷迭香，露出迷迭香上方，
　　並將肉捲起（照片ⓐ）。

2　將1整個撒鹽、胡椒，抹上一層
　　薄麵粉。

3　將橄欖油倒入平底鍋加熱，稍微
　　飄煙後，排入2（照片ⓑ）。

4　熱煎時不要翻動，待底面煎出顏
　　色後，用較長的平鏟將肉捲一口
　　氣全部翻面（照片ⓒ），立刻澆
　　淋馬德拉酒（照片ⓓ），待酒精
　　揮發後即可關火。

5　盛裝於容器，撒點粗粒胡椒。

牛肉卡蕾特 佐波爾多醬

Galette
de bœuf
sauce
au porto

將涮涮鍋用的薄肉片塑成圓形，做成像是烘餅（Galette）的形狀。剝開酥香的表面後，裡頭是仍稍微帶紅的柔嫩口感。作法會比將肉拍打做成絞肉漢堡排（Steak haché）更簡單。為了讓人品嘗時帶有錯覺之趣，肉片裡頭隨意塞了點牛脂，若是使用紋理較多的肉則可省略。

材料（2片）

牛肩胛里肌薄肉片（涮涮鍋用，
　黑毛和牛）⋯⋯350g

鹽⋯⋯2.8g（肉重的0.8%）

胡椒⋯⋯適量

洋蔥（磨泥）⋯⋯3g

橄欖油⋯⋯3小匙

牛脂（切大塊）⋯⋯少量

牛肉風味油（參照P.69）⋯⋯適量

最後步驟

波特醬（參照P.79）⋯⋯適量

粗鹽（葛宏德鹽）⋯⋯適量

粗粒胡椒⋯⋯適量

西洋菜⋯⋯適量

＊使用直徑120mm圓形模。
＊可以橄欖油取代牛肉風味油。

1 攤開肉片，撒鹽與胡椒，並用手抹上薄薄的洋蔥泥與橄欖油。

2 盤子抹上薄薄一層橄欖油（分量外），擺放圓形模，塞入一半1的肉量（照片ⓐ），用刀尖在肉的表面戳洞，塞入牛脂（照片ⓑ）。

3 平底鍋抹上薄薄一層牛肉風味油並加熱，放入2的牛肉，塞有牛脂的那面朝下。用中火熱煎片刻（照片ⓒ），當底部明顯變色後，再以平鏟翻面（照片ⓓ）。

4 轉大火，熱煎另一面（照片ⓔ）。因為想要保留中間仍帶點紅的狀態，這時要以金屬叉確認，裡面變熱的話就可盛盤，拿掉圓形模。

5 澆淋加熱過的波特醬，佐上粗鹽、粗粒胡椒與西洋菜。

烤牛肉串

Beef kebab

將「Mardi Gras」的人氣烤羊肉串改良成牛肉版本。羊肉會加入孜然的風味，配上牛肉卻不怎麼合適。尤其是用和牛製作時，我希望盡可能從簡，充分發揮和牛香氣。這次選用紋理較多的三角五花，以炭火炙燒時油脂會滴落，各位亦可改用其他喜愛的部位。

材料（1支）

烤肉用牛肉片（黑毛和牛，
　　三角五花）……280g

鹽……2.2g（肉重的0.8％）

胡椒……適量

A
┌ 大蒜（磨泥）……1/2瓣
│ 芥末醬（狄戎Dijon）
│ 　　……30g
└ 優格（無糖）……20g

配菜

番茄（切方塊）……適量

紅洋蔥（切薄片）……適量

義大利香芹（切末）……適量

香菜（切大塊）……適量

鹽膚木……適量

＊鹽膚木是土耳其等地常見的香料。
　特徵在於如日本紫蘇香鬆「ゆかり」般
　的清爽酸味。市面上售有粉末產品。

＊生炭火後，燒成炙焰狀態，
　在距離炭火30cm高的位置
　架設烤架或烤網，充分加熱備用。
　若沒有炭火烤爐，則可放在直火上，
　以拉開網架距離的方式烘烤。

1 若肉片面積較大，可切成單邊4～5cm，撒點鹽與胡椒。

2 將 A 混合，並在 1 的單面塗抹一層薄薄的 A，重疊插入烤肉串專用的金屬叉（照片**a**）。

3 將肉串擺上已經備妥的炭火網架（照片**b**），燒烤片刻暫不移動，待肉串下方那面烤出充滿香味的顏色後，翻面繼續烤另一面。中間可以不用全熟。以較強且拉開距離的火候短時間燒烤，讓火候加熱的深度差不多落在外圍到金屬串之間。

4 將烤好的肉串盛盤，混合番茄、紅洋蔥、義大利香芹後，置於盤中，撒點鹽膚木，再佐上香菜。

酸奶牛肉
Beef Stroganov

將帶有紋理的燒烤用肉片快速燉煮，便成了兼具軟嫩與嚼勁口感的一道料理。最後再以葛粉稍微勾芡，這是如果我不想讓料理變得太過沉重時，經常使用的手法。口感會比撒麵粉勾芡更輕盈，與飯一起品嘗也很相搭。

材料（容易製作的份量）

燒烤用牛肉片……400g

A ┌ 鹽……3.2g（肉重的0.8%）
  └ 白胡椒……適量

洋蔥（切薄片）……200g

蘑菇（片成5mm厚）……300g

百里香……3支

濃縮牛肉精華（參照P.68）……100g

酸奶……200g

奶油……30g

葛粉……適量

鹽、白胡椒……各適量

手抓飯（參照右記）……適量

---

1 牛肉撒A的鹽、白胡椒。

2 奶油放入鍋中以小火加熱，融化後排入1，加大火候。單面煎出淡淡顏色後，先暫時起鍋。

3 在淨空的鍋中放入洋蔥、1小匙鹽、少量白胡椒，慢慢加熱到奶油與油脂融合。洋蔥變軟後，放入蘑菇繼續拌炒。

4 蘑菇炒軟後，放回2的牛肉（照片 ⓐ），加入適量的水（約1L），放入濃縮牛肉精華與百里香（照片 ⓑ）。煮沸後火候轉小，蓋上鍋蓋，燉煮約1小時。

5 將酸奶用湯汁稀釋化開後，倒入煮好的鍋中（照片 ⓒ），再以葛粉水稍微勾芡（照片 ⓓ），最後加鹽調味。

6 將手抓飯盛盤，澆淋酸奶牛肉。

手抓飯

材料（容易製作的份量）

米……200g

洋蔥（切末）……100g

B ┌ 青豆……50g（豆子淨重）
  │ 胡蘿蔔（切成小方塊）
  │   ……50g
  │ 塊根芹（切成小方塊）
  │   ……50g
  └ 四季豆（切5mm長）……50g

奶油……30g

蒔蘿（葉片切碎末）……5g

鹽……少量

＊蒔蘿梗留下勿丟。

1 奶油放入鍋中加熱，加入洋蔥與少量鹽拌炒，注意不可炒焦。洋蔥變軟後，加入B快速翻炒，接著加入米，稍微拌勻後，放入蒔蘿梗與300ml的水，蓋上鍋蓋。煮沸後放入200℃烤箱烹烤15分鐘，接著再悶蒸10分鐘，最後加入蒔蘿葉，將整體拌勻。

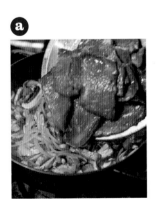
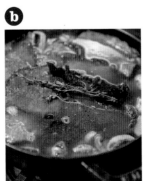

義式肉排
Saltimbocca

雖然這道料理既不是使用薄切片，也沒用到邊緣肉，不過希望各位能品嘗看看，將敲薄的仔牛肉以大量奶油迅速熱煎後的美味。仔牛肉雖然會充分加熱到完全變熟，但厚度薄的關係，因此所需時間非常短，用焦香奶油將肉煎到香氣四溢。疊放生火腿那面如果煎得太熟，會使生火腿縮水，變得死鹹，所以必須數秒鐘就立刻起鍋。配菜則是選用了滿是番紅花滋味的通心粉沙拉，搭配肉排的高級風味。

材料（1片）

仔牛菲力……120g

鹽……0.9g（肉重的0.8%）

白胡椒……少量

生火腿……1片

鼠尾草（葉）……8～9小片

麵粉……適量

奶油……60g

白酒……50ml

濃縮牛肉精華（參照P.68）

　　……10g

配菜

番紅花風味空心粉沙拉

　（參照右記）……適量

義大利香芹（切碎末）……適量

＊奶油分成50g與10g。

1 用保鮮膜上下包住仔牛菲力，敲打變薄，僅單面需撒鹽、白胡椒。

2 將1翻面，於另一面擺上鼠尾草，接著鋪放生火腿。於中間擺上一片較大的鼠尾草，用牙籤固定（照片ⓐ），抹上一層薄麵粉。

3 50g奶油放入平底鍋加熱，奶油逐漸變焦時，將2入鍋，沒有生火腿的那面朝下，並加大火候（照片ⓑ）。

4 肉排周圍的顏色會立刻變白，當邊緣開始變褐色時，將肉排翻面（照片ⓒ），稍微熱煎後立刻起鍋。

5 用餐巾紙按壓吸掉平底鍋剩餘的奶油，倒入白酒。加熱讓酒精揮發，融出附著在鍋底的精華，白酒收乾剩一半時，即可倒入濃縮牛肉精華。加入10g奶油，轉小火，搖晃平底鍋，稍微帶點稠度後，加鹽（分量外）調味。

6 將配菜的通心粉沙拉盛盤，撒上義大利香芹，拔掉4的牙籤，放入盤中，澆淋5的醬汁。

番紅花風味空心粉沙拉
材料（容易製作的份量）

義大利麵（Mezze Penne）……50g

番紅花美乃滋（參照下記）

　　……約100g

用加鹽的熱水汆燙義大利麵，放涼不燙手後，與番紅花美乃滋拌勻。

番紅花美乃滋
材料（容易製作的份量）

```
┌ 蛋黃……1顆
│ 芥末醬（狄戎Dijon）
A ……尖尖的3大匙
│ 鹽……1/4小匙
└ 胡椒……少量
```

番紅花……1/2小匙

牛肉風味油（參照P.69）……200ml

＊可用葵花油或橄欖油替代牛肉風味油。

1 番紅花加10ml的水混合，用微波爐稍微加熱出顏色。

2 將A與1倒入料理盆，拌勻後逐次加入少量牛肉風味油，邊用打蛋器攪拌乳化。

ⓐ

ⓑ

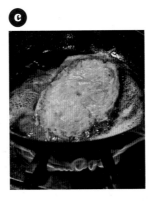
ⓒ

西班牙牛肉蛋餅
Tortilla of beef

用塞滿的牛肉邊緣肉取代馬鈴薯的西班牙蛋餅可真是超等級的份量。為了做出高度，將蛋液分成2次熱煎，最後再將兩塊蛋餅重疊貼合。若熟度不夠，變涼之後中間就會塌陷，所以一定要讓內部的雞蛋充分加熱凝固。

材料（容易製作的份量）

牛肉邊緣肉⋯⋯150g

A ┌ 鹽⋯⋯1.5g（肉重的1%）
　└ 胡椒⋯⋯少量

雞蛋⋯⋯5顆（淨重250g）

鹽（蛋用）⋯⋯1/2小匙

洋蔥（切薄片）⋯⋯100g

大蒜（切粗末）⋯⋯1/2瓣

煙燻紅椒粉⋯⋯1/4小匙

橄欖油⋯⋯3大匙

＊使用直徑16cm的鐵製平底鍋。
＊混合美國產紐約客、外橫膈膜
　及絞肉的邊緣肉做使用，
　較大塊的肉需切成適口大小。

1 將邊緣肉撒 A 的鹽與胡椒，雞蛋與鹽倒入料理盆，充分打散備用。

2 倒1匙橄欖油於平底鍋加熱，拌炒洋蔥與大蒜，變軟後撥至平底鍋外圍，將 1 的肉倒入空出的位置。直接稍微熱煎，當平底鍋再次變燙時，將食材拌炒均勻（照片 **a**）。

3 稍微炒過後，撒入紅椒粉拌勻（照片 **b**），飄香後起鍋備用。

4 在淨空的平底鍋倒入1大匙橄欖油加熱，加入一半的 1 蛋液（照片 **c**）。重新倒回 **c**（照片 **d**），攤平食材，繼續熱煎（照片 **e**）。

5 半熟狀態時，蓋上盤子倒扣，暫時取出備用。

6 倒1匙橄欖油於平底鍋加熱，加入剩下的蛋液。大幅度攪拌，當底部凝固後，讓 5 從盤子滑入鍋中（照片 **f g**）。

7 接著蓋上鋁箔紙（照片 **h**），放入200℃烤箱。烤10分鐘後，上下翻面（蛋液尚未凝固，所以必須用盤子倒扣再放回），繼續烤10分鐘。用叉子刺刺看，沒有附著蛋液就表示大功告成。餘溫還是會繼續加熱內部，因此只要靜置使其慢慢變涼即可。

a **b** **c** **d** **e** **f** **g** **h**

法士達

Fajita

法士達原本應該是將牛肉與洋蔥或青椒一起煎烤,包入
墨西哥薄餅中品嘗。這裡則是將作法簡化,僅把牛肉煎
得帶有龍舌蘭風味。搭配上玉米粉製成的墨西哥薄餅香
氣,以及清新的莎莎醬,表現純樸,滋味卻相當有深
度,令人欲罷不能。

材料（容易製作的份量）

牛肉邊緣肉……500g

鹽……6g（總肉重的1.2％）

龍舌蘭……20ml

豬油……2大匙

墨西哥薄餅（自製）……適量

奇異果綠莎莎醬（參照P.81）

　……適量

香菜……適量

＊混合美國產紐約客、
　外橫膈膜的邊緣肉做使用。

＊墨西哥薄餅是將玉米粉（Masa）
　用硬水搓揉成團，以壓餅器壓平後，
　再用豬油煎過的自製品。作法簡單，
　當然也可改用市售品。
　薄餅煎烤後容易變乾，食用前
　先以布巾蓋住的話，才能保持濕潤，
　也會更容易裹住內餡（照片ⓐ）。

1 將邊緣肉切成適口大小，撒點鹽。

2 將豬油倒入平底鍋加熱，攤平1的牛肉熱煎（照片ⓑ）。底部開始變色後，澆淋龍舌蘭，讓酒香入味。肉色變白，底部明顯變色後，即可大致翻拌食材（照片ⓒ），關火。

3 將墨西哥薄餅放入盤中，擺上2，佐以奇異果綠莎莎醬與香菜，捲起便可品嘗。

網油包燒邊緣肉

匯集各部位的邊緣肉，用網油包住。如果有牛腎或牛心，稍作添加將能讓味道更顯厚實。只用邊緣肉的話會鬆散開來，建議可加點絞肉，讓整體相互結合。在馬德拉酒醬汁加入孜然的話，不僅能去除腥肉味，還能增添異國風味。

Hachis de bœuf en crépine

材料（2顆）

牛肉邊緣肉……300g

牛絞肉……150g

鹽……4.5g（總肉重的1%）

A ┌ 洋蔥（切末）……50g
  │ 大蒜（磨泥）……少量
  │ 蘑菇（切末）……50g
  └ 乾燥牛至……1/2小匙

網油……2張

義大利香芹葉……2大片

橄欖油……1大匙

牛至……3支

醬汁

┌ 馬德拉酒……50g
│ 濃縮牛肉精華（參照P.68）……100g
│ 奶油……15g
│ 孜然粉……1撮
└ 鹽……少量

＊使用美國產紐約客、外橫膈膜的邊緣肉，
　再加點牛腎與牛心，可依自己喜好調整比例。
　連同牛絞肉，總重需控制在450g。
＊將網油切成20～25cm的方形片狀。

1 將所有邊緣肉切成粗末。

2 將1、牛絞肉、鹽、A倒入料理盆（照片ⓐ），用手混合。不用搓揉，只需均勻混合即可（照片ⓑ）。

3 攤平1張網油，中間擺放1片義大利香芹葉。將2一半的餡料揉圓，蓋住葉片後，將網油包覆裹起（照片ⓒⓓ），塑成圓形。剩下的餡料也以相同方式作業。

4 將橄欖油倒入平底鍋加熱，放入3，網油覆蓋接合處需朝下（照片ⓔ）。立刻放入200℃烤箱烘烤20分鐘（照片ⓕ）。

5 出爐後，再以直火加熱，將網油包翻面，上面也要煎到飄香變色。這時放入牛至，澆淋鍋中累積的油脂吸收香氣。煎出漂亮顏色後，再次翻面，連同牛至一起取出，瀝掉油脂。

6 用烤箱烘烤網油包的時間製作醬汁。將馬德拉酒倒入鍋中加熱，酒精揮發後，再加入濃縮牛肉精華，烹煮收乾到1/3的量。最後放入奶油融化拌勻，加入孜然，再加鹽調味。

7 將網油包盛盤，佐上增添香氣用的牛至，澆淋6的醬汁。

牛肉乾
Beef jerky

將牛臀肉較硬、口感像筋的肉塊浸入燻烤調味汁，再以煙燻加熱，接著放入冰箱冷藏數天乾燥。由於不是原本以保存為目的的牛肉乾，因此口感濕潤近似火腿，咀嚼時還能享受到不斷擴散開來的香料風味。不同的冰箱冷藏環境可能會使乾燥程度有所差異，因此務必每天確認乾燥狀態，並注意環境衛生。

材料（容易製作的份量）

牛肉邊緣肉……500g

燻烤調味汁

- 鹽……45g
- 蜂蜜……55g
- 月桂葉……1片
- 黑胡椒粒……10顆
- 卡宴辣椒……1/4小匙
- 克里奧香料……適量
- 水……1L

蜂蜜（煙燻用）……適量

鄉村麵包……適量

蒔蘿……適量

＊處理邊緣肉時，牛尾等筋較粗的部分
　要切小塊後再使用。
＊將P.80克里奧香料鹽的材料省略鹽後，
　就是克里奧香料。
＊準備30g自己喜愛的煙燻木屑。

1 將所有燻烤調味汁的材料（照片 **a**）放入鍋中煮滾，放涼備用。

2 將邊緣肉（照片 **b**）與 1 放入塑膠袋或密封袋（照片 **c** **d**），擠出空氣綁緊，放置冷藏浸漬3天。

3 瀝掉肉的浸漬汁液，用鉤子掛起，吊在冰箱冷藏內可吹到冷風的位置3天。

（接續下頁）

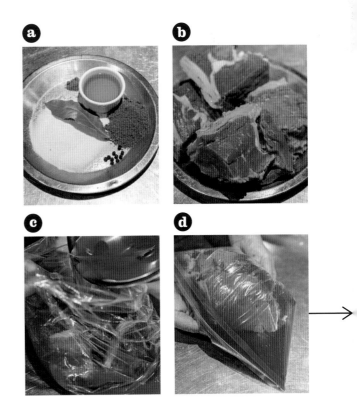

4 將木屑鋪入煙燻盒，煙燻3（照片 **e f**）。開始冒煙後轉為小火，表面塗抹蜂蜜，煙燻10分鐘後，翻面再塗抹蜂蜜（照片 **g**），繼續煙燻10分鐘。因為只透過煙燻讓肉的中心處能夠受熱，所以必須刺入金屬叉做確認，視情況追加適當的加熱時間（照片 **h**）。

5 結束煙燻，放涼不燙手後（照片 **i**），再次用鉤子掛起，吊在冰箱冷藏內可吹到冷風的位置1週再取出（照片 **j**）。

6 切成薄片後盛盤，佐上鄉村麵包與蒔蘿。

Beef jerky

牛肉
蘑菇派

Chaussons
au bœuf

用邊緣肉製作傳統法國料理，改良成像阿根廷的餡餃（Empanada）一樣，是能輕鬆用手拿取品嘗的點心。肉的切法並不固定，因此能享受其中口感。將蘑菇醬、炒洋蔥、鯷魚、橄欖等各種鮮味要素，一點一點封入手做的千層派皮中，讓這道牛肉蘑菇派雖然小尺寸，卻口感十足。

材料（9顆派）

牛肉內餡（容易製作的份量）

- 牛肉邊緣肉（含絞肉）……500g
- 鹽……5g（總肉重的1%）
- A ┬ 普羅旺斯香料……1/4小匙
    └ 煙燻紅椒粉……1小匙

蘑菇醬（容易製作的份量）

- 蘑菇……300g
- 紅蔥頭……2大匙
- 大蒜……1/2瓣
- 奶油……40g
- 鹽……1/4小匙

炒洋蔥（容易製作的份量）

- 洋蔥（切薄片）……150g
- 奶油……15g
- 鹽……少量

鯷魚（魚片）……3片

黑橄欖（切半去籽）……9顆

千層派皮麵團（參照P.158。用直徑98mm圓形壓模，
　且冷藏冰過變硬的麵團）……9片

塗抹用蛋液……適量

*以美國產紐約客、外橫膈膜為主，
　混合少量絞肉，總重為500g。
*牛肉內餡、蘑菇醬、炒洋蔥分別的備量都會比較多，
　可做適當調整（照片ⓐ）。
*塗抹用蛋液是用1顆蛋黃加少量水（或牛奶）混製而成。

1 製作牛肉內餡。將邊緣肉切成各種大小，連同絞肉一起加鹽與A混合。

2 製作蘑菇醬。蘑菇、紅蔥頭、大蒜切成適當大小。先用食物料理機將紅蔥頭與大蒜打成細末後，再放入蘑菇一起打碎。奶油放入鍋中加熱後，放入打碎的蔬菜並撒鹽，讓水分蒸發，拌炒至泥狀，放涼到不燙手。

3 製作炒洋蔥。奶油放入平底鍋加熱，加入洋蔥與鹽，拌炒至變成亮褐色，放涼到不燙手。

4 在以圓形壓模的千層派皮麵團中間，擺放約20g的1、各3g的2蘑菇醬與3炒洋蔥、少量撕碎的鯷魚、1顆分的黑橄欖（照片**b**）。

5 將4放在手掌，用手指將麵團邊緣拉薄，在一半的邊緣處塗抹蛋液，對半折起包住（照片**c****d**）。

6 包住邊緣後，再從側邊做出摺痕（照片**e**），用毛刷在表面塗上一層薄蛋液。蛋液會快速乾掉，這時要再塗第二次（照片**f**）。放入220°C烤箱10分鐘，降至200°C後再烘烤10分鐘。

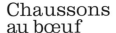

Chaussons
au bœuf

千層派皮麵團
Feuilletage

若不累積古法基礎,就直接進入新穎的料理世界,將會失去許多體驗各種烹調技法的機會。摺疊千層派皮麵團應該也算是其中一種技法。我相信,透過身體記住指尖與溫度回饋的感覺,絕對會成為優秀料理人的財產。

材料(容易製作的份量)

麵團

- 低筋麵粉……500g
- 鹽……3g
- 奶油……100g
- 水……180ml

摺疊麵團用奶油……400g

＊將麵團用的100g奶油切成塊狀,
　放置冰箱冷藏備用。

＊摺疊麵團用奶油則是處理成單邊18cm的片狀,
　放置冰箱冷藏備用。

＊使用直徑98mm的圓形壓模。

1 製作麵團。混合低筋麵粉與鹽後,加入奶油,迅速拌勻成乾鬆狀態,接著加入水。塑形成塊,但不可搓揉,仍殘留些許粉末的狀態下就可先以保鮮膜包裹,靜置冰箱冷藏1小時。

2 在料理台撒手粉(分量外),用擀麵棍將 1 擀成方形,中間擺上摺疊麵團用的奶油,摺疊麵團的4個邊,蓋住奶油(照片ⓐⓑⓒ)。

3 撒點手粉,用擀麵棍從上方以按壓的方式擀開(照片ⓓ)。過度按壓會使奶油外露,需特別留意。

4 將縱長擀開後,折成3等分(照片ⓔⓕ),蓋上塑膠袋,放入冰箱冷藏30分鐘讓麵團變硬。

5 重複6次作業 4,做出麵團的層次。要再擀開冰過變硬的麵團時,要轉動方向,讓原本的縱長朝向左右再擀開。每作業一次可於麵團邊緣按壓手指留下記號,較容易記住已作業次數。

6 進行6次擀開縱長的作業,過程中要讓形狀維持長方形,接著將麵團切成3等分。用擀麵棍將其中一塊麵團擀開(照片ⓖ,另外兩塊先冰冷藏,要用時再取出)。

7 稍微擀開後,捲在擀麵棍上,邊翻面(照片ⓗ),邊擀薄成2mm左右的厚度。壓模後(照片ⓘ),放入冰箱冷藏讓麵團變硬。步驟6的一塊麵團能夠取大約9片P.155的派皮麵團。

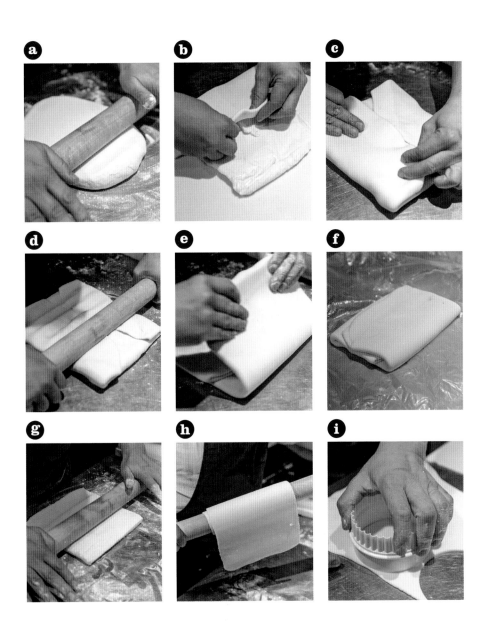

Chaussons
au bœuf

漢堡

Cheeseburger
with BBQ sauce

漢堡使用的材料雖然與漢堡排大同小異，仍可藉由絞肉的粗細在味道及口感表現上帶來變化，搭配不同調味與醬汁組合更是能享受到多樣變化，這便是絞肉料理的趣味之處。在這個類別的料理中，我更刻意使用香料（épices），香料伴隨著辛辣的甜美滋味能夠沉穩地展現出絞肉風味。

赤身粗絞肉為底，藉由和牛油脂增添香氣與濃郁表現的絞肉漢堡排（Steak haché）可依個人喜好增減油脂份量。製作時並未使用雞蛋加強結合性，重點在於用刀子將肉剁出黏性，讓肉排能夠成形。書中是用圓形模塑形，但其實不用也無妨。煎烤時稍微保留中間帶點紅色，配上起司以及醃醬的酸甜風味後，再夾入自製布里歐麵包。以波本威士忌提味，精心製作的BBQ醬汁更是充滿價值。

材料（1顆）

肉排（容易製作的份量，3塊）

＊1顆漢堡使用1塊肉排。

- 牛絞肉（赤身肉，粗絞肉）
  ……500g
- 牛脂（和牛，切大塊）
  ……150g
- 鹽……7.8g
  （總肉重的1.2%）
- 胡椒（粗磨）……1g
- 洋蔥（切末）……50g
- 大蒜（切末）……5g

牛肉風味油（參照P.69）
……1大匙

埃文達起司……1片（80g）

醃醬……2小匙

BBQ醬（漢堡用，參照下記）
……適量

布里歐麵包（自製）……1個

＊可用橄欖油替代牛肉風味油。
＊書中是使用市售醃醬，
　當然也可改用自製醃醬。
＊漢堡用BBQ醬是將
　右記150g的BBQ醬再添加
　2大匙番茄醬混製而成。

BBQ醬

材料（容易製作的份量）

洋蔥（切末）……300g
芹菜（切末）……30g
大蒜（切末）……3瓣
番茄泥……100g
番茄醬……200g
多香果……1小匙
丁香粉……少量
波本威士忌……50ml
紅糖……10g
橄欖油……1小匙
鹽……1小匙

1　將橄欖油與大蒜倒入鍋中，以中火加熱，飄香後，放入洋蔥與芹菜拌炒。變軟後接著放入其他所有材料與100ml水拌勻，燉煮15分鐘左右，放涼。

製作肉排

1 將牛絞肉與牛脂攤在砧板，撒鹽與胡椒，放上洋蔥與大蒜（照片 **ⓐ**）。

2 用刀子撈拌的方式將肉混合，並以刀刃敲剁（照片 **ⓑ**）。

3 稍微混勻後，雙手各持刀子繼續敲剁出黏性，讓肉能夠充分結合成形（照片 **ⓒⓓ**）。

4 將3分成3等分，以雙手拋接塑成圓形，拍出內部空氣。肉餡加有牛脂，所以無需在手上抹油。

煎烤肉排→擺放起司

5 將牛肉風味油倒入平底鍋加熱，擺上圓形模。將4的肉餡攤平於圓形模，中間要壓出凹槽（照片 **ⓔ**）。

6 以中火持續煎烤，肉餡底部與邊緣變硬後，就可先拿掉圓形模並繼續煎烤。這時肉會與牛肉風味油結合，飄出香氣（照片 **ⓕ**）。

7 煎出漂亮顏色後，翻面。這時差不多是半熟狀態（照片 **ⓖ**）。

8 擺上起司（照片 **ⓗ**），蓋上鍋蓋，以小火繼續煎烤。起司融化後，澆淋醃醬，插入金屬串確認熟度。

完成漢堡

9 布里歐麵包加熱後對半橫切，下半部塗抹大量加熱過的漢堡用BBQ醬。接著擺上8，並於上方澆淋BBQ醬，最後再擺上布里歐麵包。

Cheeseburger
with BBQ sauce

肉丸義大利麵

Spaghetti with meatballs
Teramana style

肉丸要使用細絞肉，才能有Q彈口感。無需與醬汁一起燉煮，最後再稍微混拌，充分發揮肉的滋味。書中參考了義大利阿布魯佐（Abruzzo）這個地區被視為肉丸義大利麵原型的料理，醬汁則結合了法國料理中的番茄醬汁。雖然帶甜卻不膩，加上培根與百里香飄散開來的香氣，讓成品充滿法式風味。品嘗起來卻與外觀給人的印象迥異，是能享受到爽口且成熟的滋味。

材料（容易製作的份量）

肉丸

A ┌ 牛絞肉（細絞肉，照片 ⓐ）……600g
　├ 鹽……7.2g（肉重的1.2%）
　├ 洋蔥（碎末）……100g
　├ 大蒜（碎末）……5g
　├ 蛋黃……1顆
　├ 肉豆蔻……少量
　├ 多香果……少量
　└ 牛肉風味油（參照P.69）……2大匙

番茄醬汁

B ┌ 整顆番茄（壓濾）……400g
　├ 洋蔥（切末）……100g
　├ 大蒜（切半去芯）……2瓣
　├ 紅辣椒（去籽）……1支
　├ 培根片……1片
　├ 百里香……1支
　├ 牛肉風味油（參照P.69）……2大匙
　└ 鹽……1撮

義大利粗麵（乾麵）……200g
義大利香芹葉（切碎末）……適量
鹽……適量

＊可用橄欖油替代牛肉風味油。

Spaghetti with meatballs
Teramana style

製作肉丸

1 將牛肉風味油除外的 A 材料全部放入料理盆，用手混合。只需整個拌勻即可，不可過度搓揉。揉成1顆重30g左右的丸子。

2 牛肉風味油倒入平底鍋加熱，將1排入。以較強的中火煎烤，變色後翻面，將整顆肉丸煎到飄香後取出（照片**b c**）。這時還無需煎到全熱，將滲至鍋中的油脂取出備用。

製作番茄醬汁

3 將 B 的牛肉風味油、大蒜、紅辣椒放入另一支平底鍋加熱。飄香後放入洋蔥（照片**d**），撒鹽，加熱到食材明顯出水。

4 洋蔥甜味滲出後，直接放入整條未切的培根增添香氣。接著放入百里香稍微拌炒，飄香後，倒入壓濾過的番茄（照片**e**），稍微烹煮，讓所有食材融合（照片**f**）。

完成肉丸義大利麵

5 用加鹽的熱水汆燙義大利粗麵，倒入 4 的平底鍋，與醬汁拌勻（照片**g**）。

6 於 5 放入 2 的肉丸、少量的備用油脂（照片**h**）。輕輕拌和，避免肉丸破裂，視味道加鹽做調整。

7 盛盤，撒上義大利香芹。

炸肉餅

與店裡招牌的漢堡牛排一樣，我也在炸肉餅的肉餡中加入了少許牛腎，增添臟類才有的風味。這裡更充分發揮胡椒的存在，展現出鮮明滋味。慢火油炸油鍋中溫度最低的部分，讓肉汁流竄至每個角落。可用金屬串確認內部熟度。千萬不可因為確認過度導致肉汁流失，但還是要在適當時機穿刺會比較保險。

Ground meat cutlet

材料（3顆）

牛絞肉（粗絞肉）……480g

牛腎……20g

A
┌ 鹽……6g（肉重的1.2%）
├ 洋蔥（切末）……100g
├ 多香果……2g
└ 胡椒……2g

麵粉……適量

散蛋……適量

牛奶……少量

生麵包粉……適量

炸油……適量

配菜

沙拉菠菜……適量

＊使用顏色偏紅，稍微帶白的牛腎味道
　會較佳（照片ⓐ）。

＊亦可用牛、豬、雞的肝臟取代牛腎。

＊散蛋加牛奶後充分拌勻
　（3顆蛋加2小匙牛奶的比例）。

1 適量去除包覆於牛腎周圍的油脂，切成細塊（照片ⓑ）。

2 將牛絞肉、1與A倒入料理盆，用手拌勻（照片ⓒⓓ）。以手捏而非搓揉的方式充分混合食材，且感覺不到肉的顆粒感後（照片ⓔ），分成3等分（每顆約200g），捏成稍微帶厚度的橢圓形。

3 將2的肉餡抹上一層薄麵粉，沾取蛋液，裹上生麵包粉。

4 將3放入加熱至180℃的熱油中，由於肉餡很軟，因此油炸時要輕輕地用帶孔湯杓托住，避免滑入油中（照片ⓕ）。油炸片刻，待麵衣表面變硬後，即可加大火候，讓油溫回到應有的溫度。

5 讓肉餡位處鍋中油溫最低的中間處，油炸片刻，開始稍微變色後即可翻面（照片ⓖ）。慢火油炸，偶爾翻動肉排，讓麵衣裡的肉汁感覺能夠流動。

6 當氣泡變小，油爆聲的頻率變快變劇烈時，就差不多能夠起鍋。用金屬串穿刺浮出炸油表面的麵衣，如果有滲出些許透明肉汁，就表示已達8～9分的熟度。從油鍋撈起（照片ⓗ），利用餘溫繼續加熱。

7 盛盤，佐上沙拉菠菜。

Scotch egg
蘇格蘭蛋

書中蘇格蘭蛋的作法並非油炸，而是改以烹烤方式製作。肉絞過2次，讓肉質比漢堡排的絞肉更滑順，與中間的半熟水煮蛋做充分相搭。由於食材為常溫狀態，捏好形狀後會希望能放置冰箱冷藏變硬，但這麼一來加熱就會變得費時，連同水煮蛋也會變熟，因此決定以常溫狀態烹烤。先放入烤箱將整體稍微烤硬後，接著以直火加熱烤到變色，再次放入烤箱從各個角度充分加熱。最理想的是搭配馬德拉醬或紅酒醬。

材料（2顆）

牛絞肉（細絞肉）……400g

- 鹽……4.8g（肉重的1.2%）
- 洋蔥（切碎末）……50g
- 大蒜（切碎末）……5g
A 全蛋……1顆
- 蛋黃……2顆
- 肉桂粉……1g
- 胡椒……1g

水煮蛋（半熟）……2顆

牛肉風味油（參照P.69）

……2大匙

最後步驟

馬鈴薯卡蕾特（參照右記）

……1片

馬德拉醬（參照P.79）……適量

＊水滾後，將雞蛋放入水煮7分鐘，接著放入冰水降溫。

＊可用橄欖油替代牛肉風味油。

1 將牛肉連續絞兩次，讓質地更細（照片ⓐⓑ）。

2 將1與A材料全部放入料理盆，用手拌勻。由於食材為常溫狀態，建議可隔著冰水，會較容易作業。

3 將2的材料分2等分（1顆約重250g）。先搓圓後再壓平，放上水煮蛋並用肉將蛋包覆（照片ⓒ）。以雙手拋接塑成圓形，需注意水煮蛋要置中（照片ⓓ）。

4 將牛肉風味油倒入平底鍋加熱，飄香後放入3，連同平底鍋一起放入250℃烤箱烘烤4分鐘。

5 從烤箱暫時取出，改以直火加熱到明顯變色後，翻面，再次放入200℃烤箱烘烤7分鐘。

6 於盤中鋪放馬鈴薯卡蕾特，擺上蘇格蘭蛋，澆淋加熱過的馬德拉醬。

馬鈴薯卡蕾特

1 將1顆馬鈴薯（150g）切細絲，拌入1/4小匙的鹽，擠掉多餘水分，撒入適量胡椒。

2 將15g奶油放入平底鍋加熱，攤開1熱煎。途中再放入5g奶油煎到飄香，翻面後，補放5g奶油繼續熱煎。

ⓐ

ⓑ

ⓒ

ⓓ

変化
6
絞肉
料理

千層麵
Lasagne

牛絞肉醬雖然與P.98介紹的番茄肉醬一樣，表現重點都在絞肉炒到焦化偏硬後所飄出的香氣，不過這裡的主體在於紅酒。為了重疊白醬與葛瑞爾起司的醇厚及濃郁表現，這裡選擇不添加番茄，打造成強有力卻清爽簡單的肉醬。麵的部分則是疊了2層，並裹上大量醬汁，當然也可依喜好增加層數。

材料（容易製作的份量）

牛絞肉醬

- 牛絞肉（中等粗度）……500g
- A ─ 洋蔥（切末）……150g
  - 胡蘿蔔（切末）……100g
  - 芹菜（切末）……20g
  - 大蒜（切末）……1瓣
- 紅酒……550ml
- 濃縮牛肉精華（參照P.68）……10g
- 鹽……1/2小匙
- 胡椒……適量
- 百里香（用繩子捆綁）……5～6支
- 牛肉風味油（參照P.69）……2大匙

最後步驟

- 牛絞肉醬（照片 ）……200g
- 白醬（參照右記）……300g
- 葛瑞爾起司絲……100g
- 千層麵用義大利麵（乾麵）……適量
- 奶油……適量

製作牛絞肉醬

1 將1大匙牛肉風味油放入平底鍋加熱，倒入牛絞肉並攤開來，撒鹽、胡椒後，繼續熱煎暫勿翻動。底部焦化後，將絞肉大片翻面，繼續煎烤，接著一點一點地把絞肉撥散開來。整個煎到酥脆後，撈至篩子，瀝掉油脂。保留瀝掉的油脂，可用來增添風味。

2 將紅酒倒入淨空的平底鍋，開火加熱，融出附著在鍋子的精華，煮沸讓酒精揮發。

3 進行步驟2的同時，於另一支平底鍋加入1大匙牛肉風味油加熱，放入A拌炒。食材變軟後，倒入1的牛絞肉，將整體拌勻，接著倒入2的紅酒與濃縮牛肉精華。煮滾後轉小火，放入百里香，蓋上鍋蓋，燉煮約2小時。若水分減少太多，需再加水調整。試味道後，加鹽（分量外）與胡椒做調整。

完成千層麵

4 用加鹽的熱水汆燙千層麵用的義大利麵。

5 準備比較深的耐熱盤，抹上薄層奶油，鋪入一半的牛絞肉醬。接著鋪滿4的義大利麵，並依序鋪上一半白醬、剩餘的肉醬，以及一半的葛瑞爾起司（照片 ）。繼續鋪滿義大利麵，以及剩餘的白醬及葛瑞爾起司（照片  ），放入250℃烤箱烘烤20分鐘。

白醬

材料（容易製作的份量）

- 奶油……50g
- 麵粉……50g
- 牛奶……500ml
- 肉豆蔻……少量
- 鹽……1/4小匙

1　奶油放入鍋中加熱，融化後倒入麵粉拌炒，注意不可焦掉。當粉味消失，飄出奶油香氣時，逐量加入溫熱的牛奶，將麵粉融化稀釋。

2　倒入全部的牛奶，煮滾後加入肉豆蔻與鹽。繼續加熱滾沸，讓麵粉失去筋性，但要注意不可煮到焦掉。

Ravioli
義大利餃

這道料理是使用細絞成泥狀的牛肉。肉絞得愈細，就愈容易流失肉汁，因此利用鮮奶油與起司補強濃郁度，同時佐上茴香的甜美風味。裹餡的麵皮當然也能用手揉製，不過這次我選用餃子皮，呈現出輕盈感，避免麵皮的存在感太重。醬汁則相當簡單地搭配放有茴香的焦化奶油。最後再佐上柳橙皮與蒔蘿，享受香味的合奏。

材料（容易製作的份量）

牛絞肉（極細）……250g

鹽……3g（肉重的1.2%）

A
├ 洋蔥……50g
└ 大蒜……1/2瓣

B
├ 鮮奶油……1大匙
│ 帕達諾起司（磨粉）……3g
│ 茴香粉……1g
└ 胡椒……少量

餃子皮……適量

茴香籽……1撮

奶油……50g

柳橙皮……適量

蒔蘿……適量

1 將絞到很細的牛絞肉繼續絞爛，變成完全感覺不出顆粒的泥狀。混合 A，並用Robot Coupe食物處理機打成膏狀。

2 將1與B倒入料理盆，以手迅速拌勻。

3 將2填入擠花袋，擠在餃子皮中間（照片ⓐ1顆約重10g）。餃子皮邊緣抹水，對半折起，壓合邊緣固定（照片ⓑ～ⓔ）。

4 用加鹽（分量外）的熱水汆燙3，大約4分鐘即可撈起。

5 將奶油與茴香放入平底鍋，以小火慢慢加熱至焦化。

6 將4的義大利餃盛盤，撒點柳橙皮，澆淋5的醬汁，再撒上蒔蘿。

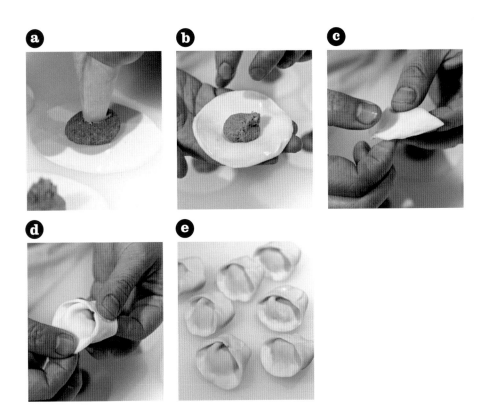

關於香料

我很喜歡香料，就連在「Mardi Gras」也會每天使用於各種類型的料理中。

出現於法國料理的香料可大致分為épices doux與épices fortes兩大類別。épices doux屬於風味柔和，香中帶甜的類型。épices fortes則是如spicy一詞所述，擁有強烈風味。哪種香料屬於哪個類別並無明確定義，我本身也是以感覺來區分，不過實際上較常使用在法國料理的香料應該是肉桂、丁香、多香果這類épices doux吧。，如果想為料理增添濃郁度或風味時，我就會在漢堡排添加多香果、在高湯加入丁香，或是在冰淇淋加入肉桂等方式做搭配。

反觀，épices fortes就是法國海外領土，位於加勒比海的馬丁尼克，或是過去曾為殖民地的摩洛哥、突尼西亞等地當地料理中，不可或缺的香料。

不同於以咖哩為首的亞洲香料料理，法國料理就算使用了大量香料，還是能透過高湯的鮮味從中取得平衡。話雖如此，對法國料理而言，以少量增香反而會是最有成效的使用方法。

混合多種香料時，我會先將想要調配的所有香料等比例排列擺出。接著增加想要強調風味的香料，減少不想太過凸顯的種類，如果不想太辣，則是將辣椒量降到最少，透過每種香料的增減，來取得平衡。法國其實不太有結合多種香料做使用的概念，因此調配時必須思考要走加勒比海風？非洲風？印度風還是斯里蘭卡風？在想像每個國家或料理的同時，找出自我的調配風格。

「煙燻牛肉」（P.90）所使用的香料

內橫膈膜肉排
佐紅蔥頭醬

Onglet de bœuf
à l'échalote

本書的主題雖是牛肉料理，但最後想與各位介紹我非常喜愛，以畜產副產品製作的料理。副產品的前置處理作業多半費工耗時，這裡主要會介紹以內橫膈膜、仔牛胸腺、牛尾、牛舌、牛心等相對容易運用，製作上較簡單的料理。

175

內橫膈膜（onglet）與外橫膈膜（bavette）肉排佐上紅蔥頭醬是法國最基本的料理組合。橫膈膜肉質不會太硬，又帶有剛好的嚼勁，這類滋味濃郁的部位原本就非常美味，再佐上吸飽平底鍋內殘留鮮味的紅蔥頭香氣。只需這樣，一道簡單卻具備深度的料理就此誕生。

材料（容易製作的份量）

牛內橫膈膜……300g

A
┌ 鹽……3.6g
│ （內橫膈膜重的1.2%）
└ 胡椒……適量

B
┌ 紅蔥頭（切末）……100g
│ 義大利香芹葉（切碎末）
│ ……10株
│ 鹽……少量
└ 胡椒……適量

奶油……15g

橄欖油……1大匙

粗鹽（葛宏德鹽）……適量

粗粒胡椒……適量

配菜

炸薯條……適量

＊使用美國產的牛內橫膈膜。
內橫膈膜靠近肋骨，厚度相當，
會與外橫膈膜區分開來。
風味濃郁，油脂含量低，
吃起來相當爽口。

1 去除內橫膈膜多餘的筋。放置室內回溫後，撒上 A 的鹽與胡椒，稍作靜置入味。

2 將橄欖油倒入平底鍋，開中火加熱，放入 1（照片 ⓐ）。內橫膈膜的形狀與厚度不像里肌或菲力那麼均勻，所以要用雙手塑出形狀後，再放入平底鍋。稍作煎燒，不要翻動，待底部邊緣變白後，轉成小火（照片 ⓑ）。

3 每塊內橫膈膜的形狀不一，以這次使用的內橫膈膜來說，一共需要煎三個面。加熱4分鐘左右，底部明顯變色後，再讓另一個面朝下，將內橫膈膜靠在平底鍋

ⓐ

ⓑ
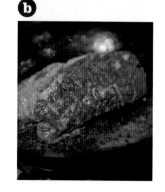

壁，轉中火加熱。觀察肉塊兩側的切面邊緣，煎到顏色與先前加熱好的那面相同即可（照片 **c**）。此面面積較小，先煎2分鐘，當溫度上升，開始冒煙時，轉成小火，繼續煎1分鐘。

4 將最後一面朝下，煎的時候一樣要調整火候。轉小火後，放入奶油融化（照片 **d**），慢火熱煎5分鐘左右，過程中要不斷澆淋奶油，直到肉塊產生彈性（照片 **e**）。底部也會開始慢慢變色。

5 插入金屬串做確認，盛至盤中，擺放在溫度足夠的位置，靜置與熱煎一樣長的時間（照片 **f**）。

6 於淨空的平底鍋倒入B的紅蔥頭與少量的鹽（照片 **g**），以小火輕輕拌炒，讓紅蔥頭融合留在平底鍋內的鮮味與油脂。變軟後，加入義大利香芹、胡椒、步驟5滲出的肉汁，混拌均勻。

7 靜置後的5內橫膈膜會變得只剩微溫，因此需再放入烤箱數分鐘，讓表面變熱後，分切盛盤。於切面澆淋6的醬汁，擺上粗鹽與粗粒胡椒，最後佐上炸薯條。

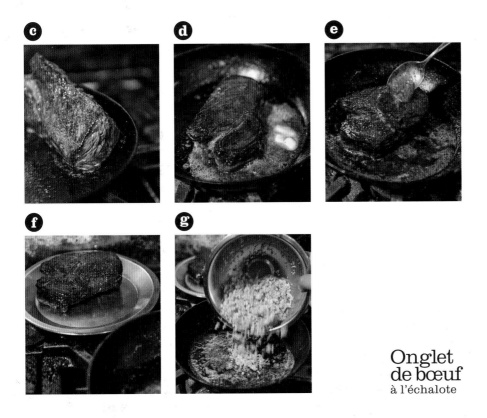

Onglet
de bœuf
à l'échalote

熱煎仔牛胸腺
雪莉酒醋風味

Ris de veau
au vinaigre de
Pedro ximénez

這道是當我決定走上料理之路，
在法國第一次吃到仔牛胸腺時，
既感動又充滿回憶的料理。胸腺
表面的膜雖然可以汆燙後撕除，
不過在我的印象中，過度處理反
而會失去風味，因此書中並未處
理掉表膜。雪莉酒醋則是使用帶
甜味的Pedro Ximenez雪莉酒。
料理與奶油的馥郁風味極為相
搭，打造出奢華滋味。

材料（容易製作的份量）

仔牛胸腺……300g

A ┌ 鹽……3g（仔牛胸腺重的1%）
　└ 白胡椒……適量

麵粉……適量

紅蔥頭（切末）……50g

龍蒿葉（切碎末）……5片

雪莉酒醋……100ml

濃縮牛肉精華（參照P.68）……50g

奶油……125g

鹽……1撮

配菜

油醋醬風味葉菜沙拉……適量

＊使用和牛的仔牛胸腺。與過去相比，
　現在能夠取得品質更好的仔牛胸腺。
　和牛的馥郁奶香表現不如歐洲牛般明顯，
　表膜也比較薄。

1 將仔牛胸腺撒上 A 的鹽與白胡椒，抹上一層薄麵粉。

2 將80g奶油放入平底鍋以小火加熱，融化後放入仔牛胸腺（照片 ⓐ）。轉成中火，當溫度慢慢上升，奶油變透明時，開始澆淋奶油（照片 ⓑ）。這時奶油的顏色仍是黃色。

3 繼續澆淋已變成慕絲狀的奶油（照片 ⓒ），這時麵粉會與奶油結合，並飄出餅乾般的香氣。確認有無這股香氣，並繼續加熱。

4 煎出顏色後，翻面（照片 ⓓ）。轉成小火，繼續加強澆淋比較厚的部分（照片 ⓔ）。奶油會開始焦化，香氣則從原本的餅乾變成瑪德蓮或費南雪的氣味。調整火候，讓鍋內維持在有小小冒泡聲的狀態，不要煎到燒焦，最理想的熟度為七、八分熟。

5 奶油的慕斯消失，變成醬汁狀時，即可插入金屬串確認。如果能迅速插入，不會有阻力的話，便可起鍋，並靜置在溫度足夠的位置（照片 ⓕ）。

6 倒掉平底鍋內剩餘的奶油，用餐巾紙吸掉多餘油分。加入30g奶油，以小火融化，倒入紅蔥頭與1撮鹽，輕輕拌炒混合。紅蔥頭變軟後，倒入雪莉酒醋（照片 ⓖ），轉為大火，當酸味稍微變淡厚，再倒入濃縮牛肉精華煮到湯汁收剩一半。變濃稠後即可關火，接著放入15g奶油與龍蒿拌勻。

7 將5的仔牛胸腺切片盛盤，澆淋6的醬汁。佐上沙拉配菜。

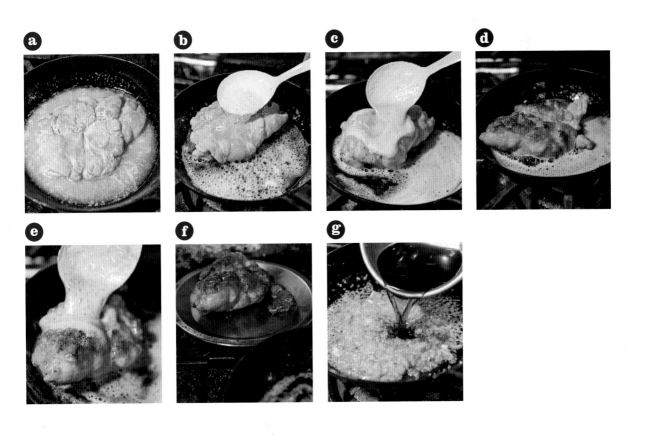

番茄燉牛尾

Queue de
bœuf braisée
à la tomate

鬆軟到從牛骨剝落的肉美味不在話下，其濃郁鮮味再搭配上滿富蔬菜香甜的番茄醬汁更是人間享受。用義大利麵吸飽醬汁，品嘗到所有滋味。充分煎烤後，排除多餘油脂，燉好之後暫時放涼，確實撈掉表面的油脂亦是關鍵步驟。

材料（容易製作的份量）

牛尾……1.5kg

鹽……22g（肉重的1.5%）

A
- 洋蔥（切末）……400g
- 大蒜（切末）……1瓣
- 胡蘿蔔（切末）……200g
- 芹菜（切末）……40g
- 鹽……1/2小匙

B
- 濃縮牛肉精華（參照P.68）……100g
- 白酒（酒精已揮發）……100ml
- 整顆番茄（壓濾）……800g

C
- 百里香（用繩子捆綁）……3支
- 月桂葉……1片
- 芹菜梗……4支

橄欖油……2大匙

最後步驟

義大利麵（短管麵）……適量

義大利香芹（切碎末）……適量

＊使用美國牛牛尾。
　雖然肉質較硬，脂肪較多，
　但能夠做為取高湯素材，
　是鮮味十足的部位。
　能在需要慢火燉煮的
　料理中充分發揮。

＊準備4支芹菜梗，撕掉筋後，
　切成一半長。

1 將牛尾切成7～8cm厚的圓塊，撒鹽靜置冰箱冷藏一晚。

2 鍋子開火，排入1的牛尾熱煎（照片 a）。牛尾會滲出油脂，所以不用抹油。兩面煎到明顯變色後（照片 b），先暫時取出，將鍋中殘留的油脂移至其他容器。＊這道料理雖然不會使用到取出的油脂，但油脂充滿鮮味，請勿丟棄，可留用於其他料理。

3 將橄欖油倒入淨空的鍋中，開火。飄香後放入A的蔬菜，撒鹽讓食材加熱到出水。

4 3的食材變軟後，倒回2的牛尾（照片 c）。可將牛尾前端較細的部分一同放入，能增加味道。要排列塞滿不能有空隙，避免煮到散開。

5 倒入B，均勻覆蓋後（照片 d），放入C並轉強火候。滾沸後蓋上鍋蓋，放入200℃烤箱，燉煮約2小時，亦可用直火加熱。

6 煮好後（照片 e），先取出放涼，撈掉浮在表面的油脂後，再次加熱。

7 用另一支鍋子取適量6的燉滷湯汁加熱，放入用加鹽（分量外）熱水汆燙好的義大利麵拌勻後，盛盤。擺放6的牛尾與芹菜，淋上醬汁，撒點義大利香芹。

燉牛舌

Beef tongue stew

這道充滿現代風的燉牛舌發揮清新香氣的同時，爽口滋味讓人不會感到太沉重，非常適合與葡萄酒或麵包一起品嘗。烹調時雖然會撒點麵粉，但要將用量減至最少，添加大量紅寶石波特酒、紅酒、馬德拉酒，將料理變得奢華。為了避免牛舌汆燙後風味流失，書中是將生牛舌直接剝皮處理。

材料（容易製作的份量）

牛舌（包含舌下處皆已處理）
　　……1.2kg

鹽……15g（牛舌重的1.3%）

A ┌ 洋蔥（切粗末）……250g
　│ 大蒜（切粗末）……1瓣
　│ 胡蘿蔔（切粗末）
　│ 　……130g
　└ 芹菜（切粗末）……10g

B ┌ 鹽……少量
　└ 麵粉……30g

C ┌ 紅酒……300ml
　│ 馬德拉酒……100ml
　│ 紅寶石波特酒……300ml
　│ 濃縮牛肉精華（參照P.68）
　└ 　……100g

月桂葉……1片

奶油……30g

橄欖油……4大匙

配菜

芝麻菜……適量

＊使用美國牛牛舌。牛舌口感會從最柔嫩的舌根，朝中段、舌尖位置逐漸變硬。

＊切掉牛舌舌尖（取起備用），直接刮除生牛舌剩餘的皮。切掉位於舌根的舌下，還要將剩餘的筋清理乾淨。舌下可以和清理過的牛舌一起煎到變色後再燉煮，舌尖則是為了讓燉煮時增添風味使用。

---

1 牛舌撒鹽後，靜置冰箱冷藏一晚。

2 將2大匙橄欖油倒入鍋中加熱，放入1的牛舌（照片ⓐ），兩面煎到變色（照片ⓑ），但不需要煎到像牛尾一樣的程度。將牛舌暫時取出（照片ⓒ），用餐巾紙按壓吸掉油分。

3 將2大匙橄欖油與奶油加入淨空的鍋中，加入A的蔬菜。加入B的鹽，將食材加熱到出水，飄出蔬菜甜味後，撒入麵粉拌炒。

4 將2的牛舌放回3的蔬菜上（照片ⓓ），倒入C（照片ⓔ）。取起備用的舌尖也是在這時放回鍋中，若湯汁無法蓋住食材，則需加水調整。加強火候，煮沸片刻讓酒精揮發。

5 蓋上鍋蓋，放入200℃烤箱燉煮約2小時。

6 盛盤，佐上芝麻菜。

ⓐ
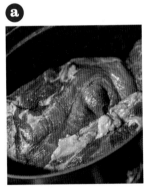

ⓑ

ⓒ
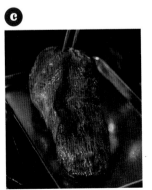

ⓓ
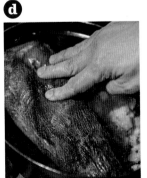

ⓔ

酥脆牛肚排

這道酥脆牛肚排雖然類似炸牛肚，
但料理時並未裹粉，而是將事先汆
燙至軟嫩的牛舌直接下鍋熱煎。蜂
巢狀的網目煎到酥脆飄香時，再放
入檸檬香草奶油加熱融化，增添一
股清新的香草氣息。

Crispy fried tripe

材料（容易製作的份量）

牛肚（已事先汆燙，參照右記）
　　……250g
鹽……適量
白胡椒……適量
麵粉……適量
百里香……4～5支
奶油……30g
橄欖油……3大匙

最後步驟

檸檬香草奶油（參照右記）
　　……適量
檸檬……適量

＊使用和牛牛肚。使用第二顆牛肚，
　在日本亦稱為蜂巢。
　要先與提味蔬菜一起煮過，
　去腥後再使用。

1 將事先汆燙過的牛肚（照片 **ⓐ**）瀝乾，稍微撒點鹽、白胡椒，抹上一層薄麵粉（照片 **ⓑ**）。

2 橄欖油倒入平底鍋加熱，放入 1 的牛肚，熱煎時，先將網目那面朝下（照片 **ⓒ**）。

3 煎出淡淡顏色後，放入奶油與增香用的百里香，繼續煎到飄香（照片 **ⓓ**）。用平鏟按壓住浮起的地方（照片 **ⓔ**），整片均勻煎到變色後即可翻面，另一面也以相同方式熱煎（照片 **ⓕ**）。接著放到餐巾紙上，吸掉油分。

4 將 3 的牛肚盛盤，佐上檸檬香草奶油與檸檬。

汆燙牛肚
材料（容易製作的份量）

牛肚……2kg
　┌ 洋蔥（去皮勿切）……4顆
　│ 大蒜（去皮橫切成半）
　│ 　……2大顆
A │ 胡蘿蔔（削皮後切半）
　│ 　……2條
　│ 芹菜（切半）……1支
　└ 鹽……2大匙
水……7L

1 將 A 與需要的水量加入大湯鍋，接著把清洗乾淨的完整牛肚放入，開火加熱。滾沸後轉小火候，烹煮約3小時。煮到牛肚拿起時變得塌軟，軟到幾乎能用手撕開。

檸檬香草奶油
材料（容易製作的份量）

奶油（事先放軟）……250g
　┌ 大蒜（切半）……1大瓣
　│ 紅蔥頭（切粗丁）……1/2顆
　│ 義大利香芹葉……20g
B │ 細葉香芹葉……1g
　│ 龍蒿葉……1g
　└ 蒔蘿葉……1g
　┌ 咖哩粉……1撮
C │ 苦艾酒……1大匙
　└ 鹽……3/4小匙

1 將 B 放入食物料理機，攪打變細後，加入 C 與奶油繼續攪拌。放在保鮮膜上，包成條狀，置於冰箱冷藏，讓奶油變硬。

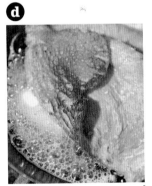

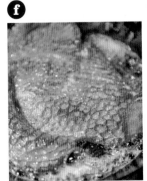

煙燻牛心
Smoked beef heart

這個部位能同時享受到鬆脆與嚼勁，如同貝類的口感。平常在店裡會切小塊後混入漢堡排做為餡料使用，不過這裡直接整塊做煙燻處理，充分品嘗牛心既有的口感。厚切的牛心片看起來就像赤身肉牛排。咀嚼的同時煙燻香氣也會穿越鼻腔，讓鮮味緩緩地擴散開來。

材料（容易製作的份量）

牛心……1.4kg

鹽……15g（牛心重的1.1%）

奶油……15g

橄欖油……3大匙

粗鹽（葛宏德鹽）……適量

配菜

茴香沙拉（參照右記）……適量

＊使用和牛牛心。必須清除較明顯的筋。
　牛心鐵含量豐富，又非常多汁，
　雖然平常只會出現在燒烤料理中，
　但厚度足夠的牛心經烹調後，
　就能是一道美味佳餚。

＊準備30g自己喜愛的煙燻木屑。

茴香沙拉
材料（容易製作的份量）

茴香梗……130g

A
｜ 柳橙皮（磨泥）……1/4小匙
｜ 蒔蘿（切碎末）……2g
｜ 檸檬汁……1小匙
｜ 柑曼怡香橙干邑……1/4小匙
｜ 橄欖油……2大匙
｜ 鹽……1/4小匙

1　茴香削成細絲，切斷纖維，與A拌勻。

1　牛心抹鹽後，放置冰箱冷藏一天。

2　將木屑鋪入煙燻盒，放入1的牛心（照片ⓐ），開火加熱。冒煙後煙燻10分鐘（照片ⓑ），翻面（照片ⓒ），繼續煙燻15分鐘後即可取出。這時的加熱程度約為七分。

3　橄欖油倒入平底鍋加熱，放入2的牛心（照片ⓓ）。整塊煎到稍微變色後，加入奶油，均勻裹住牛心（照片ⓔ），起鍋後用鋁箔紙包住，利用餘溫繼續加熱（照片ⓕ）。

4　切取3的牛心並盛盤，於切面擺放粗鹽，佐上茴香沙拉。

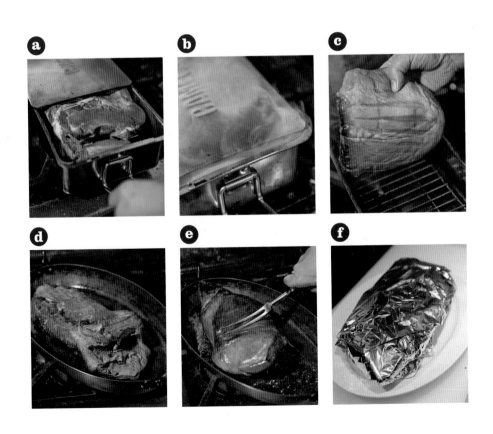

互生互助，分享彼此喜悅，

獻給所有的生產者，

以及「Mardi Gras」無可取代的夥伴們。

和知　徹

和知 徹

1967年生於兵庫縣淡路島，於茨城縣筑波市長大。自辻調理師專門學校法國分校畢業後，便進入勃艮第的米其林一星餐廳「Le jardin des remparts」研修。回國後接著進入「餐廳平松」工作，期間更前往巴黎的「Vivarois」餐廳研修。於飯倉的「アポリネール」（目前已歇業）擔任主廚後離職。1998年，在六本木「祥瑞」老闆，已故的勝山晉作先生於銀座經營的「Grape Gumbo」餐廳（目前已歇業），自開店起擔任了三年的主廚。

2001年9月，於銀座八丁目的並木通自立開業「Mardi Gras」餐廳。店內所供應的並不只侷限於法國料理，更以自己的想法與技術為基底，吸收世界各國料理後，轉化成「和知料理」，獲得相當肯定。另外更以肉類料理專家之姿，接受雜誌、電視採訪，並參與過多場的研討會及活動，甚至也協助設計咖啡店與餐廳的菜單。每年都會規劃主體性的國內外旅遊，將習得的經驗回饋於料理上，並以此為畢生志業。特別喜愛音樂、書籍、服裝、散步。

著作

燉煮煎炸都美味！銀座名店私房鑄鐵鍋料理64道
（中譯書，台灣東販）
銀座マルディ グラ流 ビストロ肉レシピ
（世界文化社）

共同著作

モツ・キュイジーヌ（柴田書店）
20席のフランス料理店（柴田書店）
豆腐完全料理事典（中譯書，常常生活文創）
人気シェフのたっぷり野菜レシピ帖（世界文化社）

Mardi Gras
マルディ グラ

東京都中央區銀座8-6-19野田屋大樓B1F
TEL：03-5568-0222
營業時間：18:00～23:00（最後點餐時間）
公休日：週日

TITLE

銀座名店 Mardi Gras　牛肉料理神髓技法

STAFF

ORIGINAL JAPANESE EDITION STAFF

出版	瑞昇文化事業股份有限公司	撮影	海老原俊之
作者	和知 徹	文	鹿野真砂美
譯者	蔡婷朱	デザイン	岡本洋平（岡本デザイン室）・鈴木壯一
		写真提供（p.008～013）	和知 徹
總編輯	郭湘齡	編集	長澤麻美
責任編輯	張聿雯		
文字編輯	徐承義　蕭妤秦		
美術編輯	許菩真		
排版	二次方數位設計　翁慧玲		
製版	明宏彩色照相製版有限公司		
印刷	桂林彩色印刷股份有限公司		

法律顧問	立勤國際法律事務所　黃沛聲律師
戶名	瑞昇文化事業股份有限公司
劃撥帳號	19598343
地址	新北市中和區景平路464巷2弄1-4號
電話	(02)2945-3191
傳真	(02)2945-3190
網址	www.rising-books.com.tw
Mail	deepblue@rising-books.com.tw
本版日期	2021年12月
定價	580元

國家圖書館出版品預行編目資料

銀座名店Mardi Gras：牛肉料理神髓
技法/和知徹作；蔡婷朱譯. -- 初版. --
新北市：瑞昇文化事業股份有限公司,
2021.01
192面；19X25.7公分
譯自：マルディ グラ和知徹の牛肉料理
ISBN 978-986-401-460-6(平裝)

1.肉類食譜 2.烹飪

427.212　　　　　　　　　109019096